节水型社会建设
与节水知识宣传教育

李雪转 等 编著

中国水利水电出版社
www.waterpub.com.cn
·北京·

内 容 提 要

本书共分七章，前五章主要以水的重要性、为什么要节水、节水的标准、节水型社会建设等相关内容为主线进行编写，并介绍相关理论和标准；第六章至第七章主要以问答的形式，满足不同层次的人群对节水相关知识的需求。本书主要内容包括水资源现状与水危机、节水措施与节水标准体系、节水型社会建设相关知识、农业节水技术与节水型灌区、工业节水技术与节水型企业、节水型社会建设科普知识、农业节水科普知识等。

本书内容浅显易懂，是面向全社会公众的一本节水宣传教育读本，也可作为大专院校选修课教材使用。

图书在版编目（CIP）数据

节水型社会建设与节水知识宣传教育 / 李雪转等编著. -- 北京 : 中国水利水电出版社, 2022.4
ISBN 978-7-5226-0572-2

Ⅰ. ①节… Ⅱ. ①李… Ⅲ. ①节约用水—中国 Ⅳ. ①TU991.64

中国版本图书馆CIP数据核字(2022)第054295号

书　名	**节水型社会建设与节水知识宣传教育** JIESHUI XING SHEHUI JIANSHE YU JIESHUI ZHISHI XUANCHUAN JIAOYU
作　者	李雪转　等　编著
出版发行	中国水利水电出版社 （北京市海淀区玉渊潭南路1号D座　100038） 网址：www.waterpub.com.cn E-mail：sales@mwr.gov.cn 电话：(010) 68545888（营销中心）
经　售	北京科水图书销售有限公司 电话：(010) 68545874、63202643 全国各地新华书店和相关出版物销售网点
排　版	中国水利水电出版社微机排版中心
印　刷	北京中献拓方科技发展有限公司
规　格	170mm×240mm　16开本　7.5印张　147千字
版　次	2022年4月第1版　2022年4月第1次印刷
定　价	**75.00**元

前　言

用之不觉、失之难存，水就是这样一种“低调”而珍贵的资源。党的十八大以来，习近平总书记多次就治水发表重要讲话，明确提出“节水优先、空间均衡、系统治理、两手发力”的治水思路。党的十九大报告明确提出实施国家节水行动，将节水上升为国家意志和全民行动。这对于水资源禀赋与经济社会发展布局不相匹配的我国来说，可谓势在必行。

节水宣传工作任重而道远。为增强全社会的忧患意识、责任意识和担当意识，将节水行为深刻地融入到社会的各个方面，在《全民节水行动计划》（发改环资〔2016〕2259 号）和《国家节水行动方案》（发改环资规〔2019〕695 号）的指导下，结合山西省县域节水型社会达标建设的经验，特编写了这本《节水型社会建设与节水知识宣传教育》，内容包括水资源现状与水危机、节水措施与节水标准体系、节水型社会建设相关知识、农业节水技术与节水型灌区、工业节水技术与节水型企业、节水型社会建设科普知识、农业节水科普知识等。本书前五章主要以水的重要性、为什么要节水、节水的标准、节水型社会建设等相关内容为主线进行编写，并介绍相关理论和标准；第六章到第七章内容浅显易懂，并以问答的形式，满足对不同层次的人群对节水相关知识的需求。作为长期从事节水技术的传播者与节水知识的宣传者，深感需要帮助全社会各层次人群了解水的重要性、怎样才能节水，如何达到节水效果等问题，使全社会从思想上树立节水意识，提高节水的主动性、自觉性，大幅度减少水资源消耗，提高用水效率，推动用水方式向节约集约的方向转变。

本书编写人员及分工如下：第一章由山西水利职业技术学院李雪转编写；第二章由太原理工大学郭文聪编写；第三章由万家寨水务控股集团有限公司郑伟编写；第四章由运城市水务局水资源服务中心李

强编写；第五章由运城市水务局节水中心解敏、张冰融共同编写；第六章由山西水利职业技术学院孙风朝、韩晶晶共同编写；第七章由山西水利职业技术学院雷成霞编写。本书由李雪转担任主编，并负责全书统稿。

本书在编写过程中，得到了山西省节约用水管理类“节水宣传教育及宣传教育体系建设”项目（201802005）的支持，山西省水利厅牛娅薇、运城市水务局王娅等有关人员给予了悉心的指导，山西水利职业技术学院卢智峰、董向前、陈洋、魏闯等老师的帮助。在此一并表示感谢。

聚沙成塔，集腋成裘；涓涓细流，汇成大河。只有动员全社会的力量，才能使这条在水资源短缺困境中开辟出的为人民谋幸福的节水之路越走越宽广，才能为经济社会高质量发展提供可持续的水资源保障。

限于编者的理论水平和实践经验，书中不足之处在所难免，敬请读者批评指正。

作者

2021年5月

目　录

第一章

水资源现状与水危机

第一节　水是人类生存的基础

水是一种十分奇特的物质，按照水分子的结构来说水应为气态，但由于水分子排列十分紧密，“H—O—H”间成104.5°夹角（图1-1），从而使得它在常温下是液体。常温下，水以气态、液态、固态和附着态赋存于大气、水体和土壤孔隙当中，为陆生动植物、水生生物的生长提供不同的生存需求，是生物圈中最基本最重要的环境条件。

一、水的物理性质

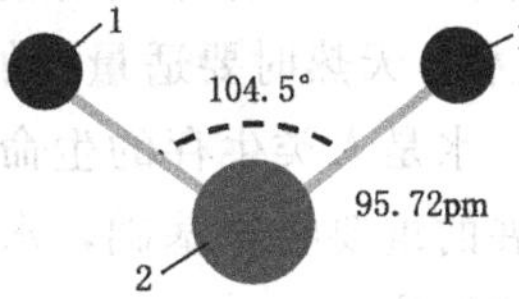

图1-1　水分子结构图

1—氢原子；2—氧原子；

95.72pm—键长

水是无色透明的，可透过可见光和长波段紫外线，使得深水植物能够发生光合作用，维护着深水生态系统。水在0～4℃温度区间不符合热胀冷缩规律，3.98℃时密度最大。水体结冰时是按照从上向下的顺序冻结，上浮的冰作为一种绝热体，阻止了下层水温度的大幅降低，从而保护了水生生物。常温状态下，水是除汞以外表面张力最大的液体，能产生明显的毛细现象和吸附现象，为水分在土壤毛细管和植物体内的传输提供了基础。

水具有较高的热容量，水的汽化和冷凝潜热为2430J/g，结冰和溶解热约为335J/g。水易于从液态转化成气态和固态，这一过程中会释放或吸收大量的热量，从而使水成为地表重要的“温度调节器”。

二、水的化学性质

水的介电常数很大，它能够高度溶解离子性物质，是一种应用最广泛的化学溶剂。水的热稳定性很强，加热到2000K以上，也只有极少量离解为氢和氧，使得水成为一种很好的中性介质，为污染物的溶解和去除提供了最有效的介质，同时也是环境污染问题日益严重的原因。

水具有活性，一般是由 10 个以上分子组成一个分子团，天然小分子团水由 5～8 个水分子组成，活性较高。长期静置的水缔合程度很高，活性会严重丧失而成为“死水”。

三、水是生命的源泉

水是一切生物细胞的结构物质，不仅是一种溶剂，还起到输送营养和排除毒素的作用。水还有调节体温、润滑、媒介等作用。植物体内水分含量在 5%～95%，一般是水生＞禾本科＞植物籽实；同一植物在不同生长期、不同栽培条件下的含水量也有所差异。

不同等级的动物体内含水量差别较大。水母体内水分高达 95%以上，高等动物含水量占体重的 50%～70%，随年龄、营养状况、品种不同而有所差别。动物体内组织部位不同，水分含量也不同。血液含水量大于 80% ，肌肉含水量为 72%～78%，骨骼含水量为45%左右。动物如果只饮水，可存活 3 个月；如果不饮水，仅摄取其他养分，只能存活 7 天。

不同年龄段人体内水分含量差异较大，刚出生时水分占人体近 90%，成年时水分占到 70%，到老年时甚至降至 50%。健康的人体每天消耗 2～3L 水，这些水如不及时补充上可能会影响肠道消化和血液组成。因此，建议每天至少喝 2L 水，天热时要适量增加。

水是人类生存的生命线，是经济发展和社会进步的生命线，是实现可持续发展的重要物质基础，水资源的可持续利用是国民经济社会可持续发展极为重要的保障。

第二节 世界水资源现状

一、淡水资源总量少

从整个水圈看，地球表面约有 70%以上为水所覆盖，其余约占地球表面 30%的陆地也有水的存在。地球的总水量为 1386000 万亿 m^3，其中 97.5%是咸水，主要存在于海洋中，地球上淡水总量为 3465 万亿 m^3，约占地球总储水量的 2.53%，淡水中的 70%以上被冻结在南极和北极的冰盖中，还有一部分是难以利用的高山冰川和永冻积雪，也就是说，有 87%的淡水资源难以利用。人类真正能够利用的淡水资源是江河湖泊和地下水中的一部分，仅占地球总水量的 0.26%，由此可见地球上的淡水资源很少。

二、全球水资源分布不均

全球水资源地区分布极不平衡。按地区分布，巴西、俄罗斯、加拿大、中国、美国、印度尼西亚、印度、哥伦比亚和刚果等 9 个国家的淡水资源占了世界淡水资源的 60%，约占世界人口总数 40%的 80 个国家和地区严重缺水。从降水分布来看，形成淡水资源的降水，不同地区差异很大，年平均最小者仅为 10mm，大者可达到 10000mm。同时，各地区径流量分布也不均，人均含水量各大洲不同，水量最丰富的地方是拉丁美洲和北美洲，而非洲、亚洲和欧洲的人均水资源就很少。据统计，目前世界上 60%的地区供水不足，许多国家水荒严重，干旱地区用水极其紧张。

如果以人均占有水资源量表示，欧洲人均占有量最多的是冰岛，人均占有水资源量最少的是干旱地区国家或人口较多的孤岛，如科威特、利比亚、约旦、沙特等国家人均用水量可能低于 $100m^3$。中东是一个严重缺水的地区，其主要水源是约旦河，与该河相邻的国家有约旦、叙利亚、以色列、黎巴嫩和巴勒斯坦，这些国家几乎没有其他可以替代的水源，因此缺水问题极为严重。

三、水污染加剧了水资源缺乏

随着人口增加，人类需要的淡水资源量急剧增加。人口的激增和大量的活动，不但需要大量的水资源，而且还向涵养和蓄积的环境及水体排放了大量的污染物，使水质不断下降，从而造成水资源环境明显恶化。全球目前有 14%以上的径流总量（5000 万亿 m^3）受到污染，污染导致本来就已紧缺的水资源量大减，供需矛盾更加突出。

经济发展使水污染也日趋严重，世界上已有 40%的河流发生了不同程度的污染，且有不断上升的趋势。欧洲著名的莱茵河曾因工业水污染使河中的鱼类消失殆尽，一度成了世界上退化最严重的河流。在欧洲，滥用农药对地下水的污染比预计的情况要严重得多，预计在今后的 50 年内，6 万 km^2 的含水层将受到这种污染。饮用水不清洁不仅能引发传染病，而且还有可能引起癌症、高血压和发育畸形等非传染性疾病。

第三节 我国水资源现状

一、我国水资源状况

我国位于太平洋西岸，受温带大陆性气候和季风气候的影响，水资源呈现地区和时程变化的两大特征。降水量从东南向西北递减，东南地区年平均降水量 1600mm，而西北内陆只有 50mm；降水量的时间分布也不均匀，我国大部分降水分布在5—9月，洪涝灾害时有发生；而春冬季气候干燥，容易发生旱灾。水资源分布的不均，为水资源的合理利用带来了严重的困难。

国家统计局发布的《2020年中国统计年鉴》统计，我国水资源主要集中在西南地区，西北、华北地区水资源匮乏现象严重。2019年年底，西南地区水资源总量为11127.2亿m^3，占同期我国水资源总量的38.69%；华南地区水资源总量为4558.0亿m^3，资源占比为15.85%；华东地区水资源总量为5043.4亿m^3，水资源占比为17.54%。各地区水资源总量分布如图1-2所示。

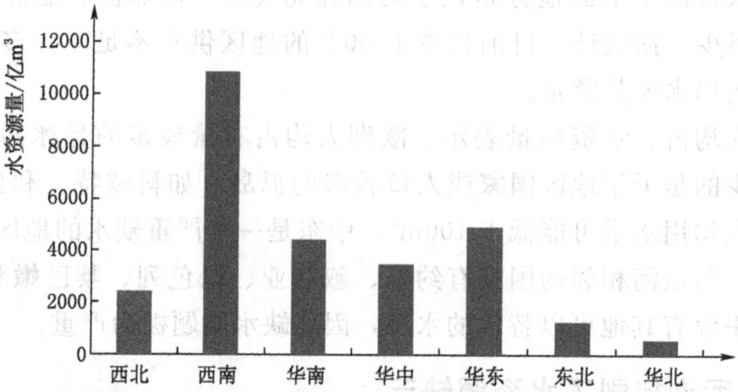

图1-2 2019年我国各地区水资源总量分布图

截至2019年年底，我国地表水资源总量为27746.30亿m^3，地下水资源总量为8309.60亿m^3，地表水与地下水资源重复量为7294.70亿m^3，就人均水资源量区域分布而言，全国各省市之间“贫富差距”更为明显。2019年我国各省份人均水资源量统计见表1-1，西藏自治区人均水资源量为129407.3m^3，居全国之首，

表1-1 2019年我国各省份人均水资源量统计表

省（自治区、直辖市）	人均水资源量/m^3	省（自治区、直辖市）	人均水资源量/m^3	省（自治区、直辖市）	人均水资源量/m^3
北京	114.2	福建	3446.8	西藏	129407.3
天津	51.9	江西	4406.4	陕西	1279.8
河北	149.9	山东	194.1	甘肃	1233.5
山西	261.3	河南	175.2	青海	15182.5
内蒙古	1765.5	湖北	1036.3	宁夏	182.2
辽宁	587.8	湖南	3037.3	新疆	3473.5
吉林	1876.2	广东	1808.9	四川	3288.9
黑龙江	4017.6	广西	4258.7	贵州	3092.9
上海	199.1	海南	2865.5	浙江	2281.0
江苏	287.5	重庆	1600.1		
安徽	850.9	云南	3166.4		

青海省人均水资源量为 15182.5m^3，广西壮族自治区人均水资源量为 4258.7m^3，江西省人均水资源量为 4406.4m^3，黑龙江地区人均水资源量为 4017.6m^3。而河北、宁夏、上海、北京、天津等地区人均水资源量不足 200m^3，其中天津地区人均水资源量仅为 51.9m^3。

二、我国水资源的特征

1. 水资源总量多但人均少

我国的水资源总量为 2.8 万亿 m^3，占全球水资源的 6%，仅次于巴西、俄罗斯、加拿大、美国和印度尼西亚，排名第 6 位。但是，我国多年人均水资源量为 1700～2100m^3，仅为世界平均水平的 1/4。根据国际划分标准，人均水资源占有量大于 3000m^3 是丰水地区，人均水资源占有量在 2000～3000m^3 是轻度缺水地区；人均水资源占有量在 1000～2000m^3 是中度缺水地区；人均水资源占有量在 500～1000m^3 是重度缺水地区；人均水资源占有量小于 500m^3 是极度缺水地区。由此可知，我国是一个轻度缺水或中度缺水地区。

2. 降水量时空分布不均

我国疆域辽阔，各地自然特点不同，发展农业的水利条件也有差异。秦岭和淮河以南的地区，通称南方，年降水量为 800～2000mm，故又称水分充足地区，无霜期一般为 220～300d；秦岭、淮河以北的地区，通称北方，年降水量一般少于 800mm，属于干旱或半干旱地区。南北差异很大，年降水量变化趋势是由东南向西北递减，降水年际变化很大，年内分布悬殊。南方最大年降水量是最小年降水量的 2～4 倍，北方最大年降水量是最小年降水量的 3～6 倍。南方雨季集中在 3—6 月或 4—7 月，降水量占年降水量的 50%～60%，北方雨季集中在 6—9 月，降水量占年降水量的 70%～80%。

3. 人口、耕地、水资源极不匹配

我国人口总量为 14 亿多人，约占全球总人口的 23%；耕地面积约为 19 亿亩（1.227 亿 hm^2），占全球总耕地面积的 17%；而水资源量仅占全球水资源总量的 6%。在我国，人口、耕地、水资源分布也不均衡。长江流域及其以南地区的人口占我国总人口的 54%。但是水资源却占了 81%；北方人口占总人口的 46%，而水资源只有 19%。南部水资源丰富有余，北部水资源严重短缺的不利局面，严重影响和制约着我国农业和工业的布局和发展。

4. 水资源可利用量有限

受自然和经济社会因素制约，全国多年平均水资源可利用总量为 8548 亿 m^3，北方地区水资源可利用总量为 2748 亿 m^3，人均 472m^3；南方地区水资源可利用总量为 5800 亿 m^3，人均 863m^3。全国人均水资源可利用量仅有 677m^3，黄淮海地区仅为 244m^3，而目前利用率已达 99%，开发潜力不大，南方地区虽有一定潜力，但开发难度较大。目前年缺水总量为 500 亿 m^3。

总体来讲，我国水资源特点是有利有弊。水资源总量丰富，雨热同季，为中华民族的生存与发展创造了有利条件；由于受季风气候的影响，降雨时空分布不均，加上与人口、耕地、矿产分布不相匹配，使得我国特别是北方地区水旱灾害频发、水土流失严重、水资源短缺、生态环境脆弱。

第四节 我国水资源危机

一、洪涝灾害危机

1. *洪涝灾害多发*

我国是世界上洪涝灾害发生最频繁的国家之一。有 10% 国土面积、5 亿人口、5 亿亩耕地、100 多座大中城市、全国 70% 的工农业总产值都不同程度地受到洪涝灾害的威胁。在有文献记载的 2200 多年中，共发生过大的水灾 1600 多次。近年来世界洪水灾害统计见表 1－2。20 世纪 90 年代以来，我国大江大河已发生了 6 次较大规模的洪水，1998 年长江和松花江流域特大洪水造成经济损失高达 310 亿美元，占国内生产总值（Gross Domestic Product，GDP）的 4%。水旱灾害造成的损失占总损失的比例高达 71%。从世界范围来看，近年来经济损失最大的洪水灾害统计中，我国出现的次数是最多的。

表 1－2　　近年来世界洪水灾害统计表

排序	年份	国家（主要影响地区）	经济损失/亿美元
1	1998	中国（长江、松花江流域）	310
2	1996	中国（长江流域）	240
3	1993	美国（密西西比河流域）	210
4	1995	朝鲜	150
5	1993	中国（长江、淮河流域）	110
6	1996	意大利（北部）	93
7	1993	孟加拉国、印度、尼泊尔	85
8	2000	意大利（北部）、瑞士（南部）	85
9	1999	中国（长江流域）	80
10	1994	中国（东南地区）	78
11	1995	中国（长江流域）	67
12	2001	美国（得克萨斯）	60
13	1997	捷克、波兰、德国（奥得河）	59

注　资料来源于慕尼黑再保险公司地理风险研究部。

2. 城市内涝

随着社会经济和城市化进程的发展，人类的活动极大地改变了下垫面和河流廊道，导致“小水大灾”的现象频现。对坡耕地的开垦，使得水土流失加剧，坡面产汇流时间缩短，洪水汇集速度加快。河道外大规模引水使得河道萎缩，行洪能力降低，“小水”也会酿成“大灾”。

城市内涝已成为现阶段洪涝灾害的一个新特点，近些年来，我国许多大中城市频繁发生严重的城市内涝灾害，2008年以来，全国平均每年发生200多起不同程度的城市内涝灾害，道路积水深度在50cm以上的城市达到60%，积水超过半小时的城市占比将近80%，其中内涝灾害较重的城市有大连、北京、武汉、杭州、郑州、天津、哈尔滨、长春等。2015年8月2—3日，咸阳市区24小时平均降雨量达31.4mm，局地超过50mm，2019年6月2日、7月16日、8月18日，长春市南关区因暴雨导致多条道路大面积积水，市区部分一楼住户与地下室进水，多辆车被淹，人员被困，生命受到威胁。

二、水资源短缺危机

水资源短缺是指相对水资源需求而言，水资源供给不能满足生产生活的需求，导致生产开工不足，生活饮用发生危机，造成了巨大的社会经济损失，从而逐渐显现出水资源是国民经济持续快速健康发展的“瓶颈”。全国正常年份缺水约500亿m^3，海河、黄河、辽河、西北和东部沿海城市等地缺水严重，缺水范围还不断蔓延扩大。近年来，我国北方地区旱灾高发，南方多雨地区季节性干旱也日趋严重。在统计的667个城市中，缺水城市高达420个以上，占到城市总数的2/3。全国有16个省（自治区、直辖市）人均水资源量低于重度缺水线（1000m^3），有6个省（自治区）（宁夏、河北、山东、河南、山西、江苏）人均水资源量低于500m^3。

三、水环境污染危机

工农业生产和生活过程中排放出大量的污水，一方面污染了水源，导致水资源功能下降，使本来就存在的水资源供需矛盾更加尖锐，给经济环境带来极为不利的影响，严重地制约着经济社会的可持续发展；另一方面，为了缓解水资源的供需矛盾和日益严重的水环境恶化的世界性难题，污水的处理回用已迫在眉睫。

四、水生态退化严重

我国水资源禀赋的特点决定了我国生态系统脆弱性的分布，华北、西北等区域，由于受水资源短缺和长期累积性人类活动的影响，水生态脆弱性尤为显著。而西南、东南等区域，虽然水资源较为丰沛，但人类活动以及气候变化对水生态的影响日益加剧，水生态脆弱问题也不容忽视。淡水生态系统功能整体呈现“局部改善、整体退化”的态势，北方平原区地下水严重超采，形成了160余个地下水超采区。黄河中下游地区的煤炭、石油开采对地下水破坏非常严重，尤其是山西煤炭的过度开采严重破坏了岩溶水的补给通道，导致许多历史名泉水量骤减，甚至枯竭。

我国淡水生态系统的退化主要体现在水域面积的减少和水体的污染。由于水土流失、淤积泥沙、水利工程失修、超量利用水资源和围湖造田，导致水域面积不断减少。一些地区的农村工业无序扩散发展，导致工业污染日益加重，再加上过量使用化肥、农药，造成水体富营养化和有毒有害物质的积累，使得不少水域已无法作为饮用水源，有些水源已经成为没有生物的死水，甚至不能用于工业冷却和农业灌溉，对沿岸人民的健康也造成了极大的威胁。

第二章

节水措施与节水标准体系

第一节　节水的概念与节水目标

一、节水的概念和内涵

1. 节水的概念

“节水”就是通过行政、经济等管理手段和相应的技术手段，加强用水管理，调整用水结构，改进用水工艺，实行计划用水，杜绝用水浪费，并运用先进科学技术，建立科学的用水体系，有效地使用和保护水资源，以适应国民经济建设可持续需要的综合措施。其目的是减少用水损失和浪费，合理和高效用水。

2. 节水的内涵

从整体上说，节水任务的内容主要包括以下两个方面：一是对天然水资源进行有效保护和合理开发利用；二是提高对已开发利用水资源（即供水量）的利用率和经济效益。按照水资源使用对象的不同，节水又可分为农业节水、工业节水、城市生活节水等几个方面。

3. 节水的意义

(1) 节水是形成文明生产生活方式的基本需要。节水是文明社会、文明人的基本行为准则。节水水平、用水效率的高低则是地区、单位和个人文明程度的体现。节水贯穿经济社会发展的全过程，涉及农业、工业、服务业等领域，涉及单位、家庭、个人等用水主体，必须大力推行全社会节水，自觉增强节水意识，规范用水行为，加快形成节水型生产生活方式，营造全社会节水的良好风尚。

(2) 节水是破解复杂水问题的关键举措。水安全是涉及国家长治久安的大事。当前，我国水安全已全面亮起红灯，新老问题交织，特别是水资源短缺、水生态损害、水环境污染等一系列新问题日益突出。节约用水是治水的关键环节，是解决问题的重要措施，必须通过节水抑制不合理的用水需求，从总量上减少水资源的消耗；通过节水提高用水效率，控制水资源的开发强度；通过节水减少废污水排放，减轻对水生态、水环境的损害，从根本上解决我国所面临的复杂水问题，保障水安全。

(3) 节水是推进生态文明建设的有效途径。生态文明的鲜明特征是人与自然和谐共生，水是基础性自然资源和战略性经济资源，是生态环境的控制性要素，节约用水就是保护生态。如果用水浪费、效率低下，必然导致过度开发，破坏水系循环，损害生态环境。因此，必须从生态文明的高度认识节水的重要性，坚持节约优先、保护优先、自然恢复为主的方针，牢固树立绿水青山就是金山银山的理念，强化各领域全过程节水管理，大力推动工农业生产节水增效，促进经济社会可持续发展，实现人与自然和谐共生。

(4) 节水是推动高质量发展的必然要求。随着经济总量不断扩大，我国面临更大的资源要素制约和生态环境压力，经济发展不能再走大量消耗自然资源、依托低成本要素投入促进快速增长的老路，而是要走集约节约利用自然资源的高质量发展新路。与高质量发展的要求相比，我国水资源利用效率不高，受水资源短缺瓶颈制约明显。节水有利于转变用水方式，淘汰高耗水、高排放、高污染的落后生产方式和产能，加快调整经济结构和完善经济发展方式，倒逼产业转型升级、经济提质增效，实现经济社会发展与人口、资源、环境相协调，促进高质量发展。

二、节水目标

《国家节水行动方案》(发改环资规〔2019〕695 号）是为了贯彻落实党的十九大精神，大力推动全社会节水，全面提升水资源利用效率，形成节水型生产生活方式，保障国家水安全，促进高质量发展而制定的，由国家发展改革委、水利部于 2019 年 4 月 15 日印发并实施。《国家节水行动方案》中提出的我国节水总体目标如下：

(1) 到 2020 年，节水政策法规、市场机制、标准体系趋于完善，技术支撑能力不断增强，管理机制逐步健全，节水效果初步显现。万元国内生产总值用水量、万元工业增加值用水量较 2015 年分别降低 23%和 20%，规模以上工业用水重复利用率达到 91%以上，农田灌溉水有效利用系数提高到 0.55 以上，全国公共供水管网漏损率控制在 10%以内。

(2) 到 2022 年，节水型生产和生活方式初步建立，节水产业初具规模，非常规水利用占比进一步增大，用水效率和效益显著提高，全社会节水意识明显增强。万元国内生产总值用水量、万元工业增加值用水量较 2015 年分别降低 30%和 28%，农田灌溉水有效利用系数提高到 0.56 以上，全国用水总量控制在 6700 亿 m^3 以内。

(3) 到 2035 年，形成健全的节水政策法规体系和标准体系、完善的市场调节机制、先进的技术支撑体系，节水护水惜水成为全社会的自觉行动，全国用水总量控制在7000亿m^3以内，水资源节约和循环利用达到世界先进水平，并形成水资源利用与发展规模、产业结构和空间布局等协调发展的现代化新格局。

第二节 世界各国节水措施

面对严峻的水资源形势，世界各国纷纷采取措施，开展各种形式的节水活动。如建立水权制度，培育水市场；建立健全水资源管理体制，运用国家级战略决策，抓好水资源的综合管理；突出工业和城市节水两大重点，大幅度提高水资源的利用率；实施多种政策主张和措施，加大农业节水力度，实现农业可持续发展和世界粮食安全；充分发挥法律和经济杠杆的作用，堵源截流塞漏洞，严防水资源的浪费和污染；提高并培育全民的节水意识和新理念，采取高科技和环保节水措施，修复水资源的自我净化功能等。

一、建立水权制度进行节水

建立水权制度是当今世界上许多国家和地区开展节水的主要途径。由于一些地区水资源丰裕，而另一些地区水资源紧缺，便出现了水资源丰裕的地区向水资源紧缺的地区出售水资源的情况，水市场就这样应运而生了。在20世纪80年代初期，美国、日本、澳大利亚等国，都开展了水权交易，对于水资源的合理配置起到了重要的作用。突尼斯、摩洛哥等一些发展中国家和地区，采取的水权交易措施带来了特别显著的经济效益和社会效益。不论是发达国家，还是发展中国家，水市场已成为水资源优化配置的主渠道之一。

二、完善水资源管理体制进行节水

为了综合管理好水资源，许多国家特别是发达国家建立了比较科学的水资源管理体制。美国从其联邦制的国情出发，把水资源管理的权力集中在各州政府，实行了以行政区域管理为主的管理体制。英、法两国水资源管理主要以流域管理为主，负责制定水政策，审批流域规划，协调流域间的水资源问题。日本针对水资源短缺和开发利用较难的国情，建立了分部门水资源管理体制，但在水权管理上是统一的，即利用大坝进行发电、供水或灌溉时，必须向河道主管机关申请取水权。要建设多目标大坝时，还必须向国土、交通和建设省申请大坝使用权。

三、突出工业节水和城市节水两大重点

为了解决水资源短缺和水资源及环境污染问题，一些国家和城市针对庞大的工业体系及其发展、城市人口大幅度增长的特点，把工业节水和城市节水作

为节水的重点来抓，取得了良好的经济效益和社会效益。在工业节水和城市节水的进程中，主要采取污废水回用的措施，重复用水，大幅提高水的利用率。目前，世界上大多数城市已经修建了城市居民和公共设施的排污污水管道，城市污水经过二级或三级处理净化以后，可以回收再利用。

为了进一步做好城市及企业的节水工作，美国规范了城镇供水企业的节水措施。对不同规模公共供水系统提出了不同的最低限度的节水措施和规划，并对供水企业提出了一系列节水措施要求，协助用水大户分析用水的费用和有效性，提高绿化灌溉用水效率。

四、推广农业节水新技术

目前，全球农业灌溉用水已占到全球用水总量的2/3。因此，国外许多国家都在推行农业节水，提高农业用水效率。以色列国家一半以上的地区属于典型的干旱和半干旱气候，土地贫瘠，自然条件差，沙漠面积占国土总面积的2/3，水资源奇缺，降水量少而且分布不均。为了实现粮食自给，以色列大力发展节水农业，大面积推广节水灌溉技术，使农业生产形成了良性循环。以色列只占全国5%的农业人口，不仅为90%以上的城市人口提供了丰富的农产品，而且每年出口大量的农产品，创汇农业取得了举世瞩目的成就。近几十年来，许多国家的节水农业和节水灌溉发展都很快，不但为本国也为全球农业的可持续发展，为世界粮食的安全，均做出了应有的贡献。

五、提高公众节水意识

面对全球水资源短缺及其整体生态环境问题，世界各国普遍开展了水资源教育和生态环境教育，不断提高人们的节水意识，培育新的节水理念。美国洛杉矶为了搞好节水教育，曾动员100人做了188次节水报告，并让7万多名中学生先后观看了有关节水方面的电影。日本规定6月1日是“水日”，在这一天，以市长为首的政府官员都要到大街上，向市民宣传节水的重要性，以国际儿童节作为节水日，培养儿童的节水意识，并将节约用水内容编入了教学课本。新加坡的淡水主要从邻国进口，因此他们在中小学课本上都设置了节水知识。英国把培育节水新理念与高新技术结合起来，建设了一种新型环保小区，教育公民培育、推广新的节水理念和新技术。

六、推广高新节水技术

世界各国特别是发达国家，不论在工业节水、农业节水，还是在生活等领域内的节水，都把高新技术及其产品运用其中。许多国家把革新和推广节水新工艺、新技术和新设备，依靠科技进步作为节约水资源的重要途径。例如，采用空气冷却器、干法空气洗涤法、原材料的无水制备等工艺，不仅可以节省工业用水量，而且采用气冷还可以减少废气排放量。一些国家采取了高新技术和环保措施相结合的办法，使水资源得到了净化和修复。

面对严峻的水资源形势，世界各国人民都在积极行动，许多做法和经验都值得我们借鉴和学习。

第三节 我国节水现状

一、我国主要的节水措施

水是生命之源、生产之要、生态之基。目前，水资源缺乏已成为严重制约我国社会经济发展的“瓶颈”之一。据专家预测，到2030年前后，我国用水总量将达到每年7000亿～8000亿m^3，而我国实际可利用的水资源量约为8000亿～9500亿m^3，需水量已接近可利用水量的极限。因此，我国必须采取多种措施进行全社会节水，主要措施包括以下几个方面。

（1）建立以用水权管理为核心的水资源管理制度体系，包括建立政府调控、市场引导、公众参与的节水型社会管理体制。

（2）建立与区域水资源承载能力相协调的经济结构体系。把经济社会的发展与节水结合起来，大力发展水资源节约型产业，发展节水型农业和工业，建设节水型城市和社会。

（3）建立与水资源优化配置相适应的节水工程和技术体系。开发与推广先进实用的节水技术，建设水资源管理硬件设施体系，建设生产、生活节水工程，建设非传统水源开发工程。

（4）采取多种措施加大治污力度，依法治污，科技治污，保证输水水质。

（5）加强宣传教育，增强全民的节水意识和环保意识，建立与节水型社会相符的节水文化，形成节水的社会风尚和文明的消费方式。

（6）高度重视生态环境保护。水源区要采取措施保护好水质，减轻调水对生态造成的不利影响，受水区要禁止超采地下水，逐步恢复和改善生态环境。

（7）依法治水。青少年应树立珍惜和保护水资源的观念，积极向周围的群众宣传保护水、节约水的重要性。从我做起，从现在做起，从节约每一滴水做起。

二、我国的节水水平

“十三五”时期，我国深入贯彻落实“节水优先”方针，实行水资源消耗总量和强度控制，节水基础设施和监管能力持续提升，节水政策、技术、制度、机制创新持续加强，全社会节水意识持续提高，节水水平显著提高。

（1）我国用水效率基本达到世界平均水平。2019 年，我国万元国内生产总值用水量为 60.8m^3，与 2015 年相比下降 23.7%；万元工业增加值用水量为 38.4m^3，与 2015 年相比下降 26.9%；农田灌溉水有效利用系数达到 0.559，与 2015 年相比升高 0.023。经分析，我国用水效率总体水平与世界平均水平大致相当，主要节水指标排在 60 个掌握数据国家中的 30 名左右。

（2）个别地区达到国际先进水平。2019 年，北京、天津、上海万元国内生产总值用水量分别为 11.8m^3、20.2m^3、26.4m^3，达到或接近以色列、比利时、日本等先进国家水平。北京、天津、山东万元工业增加值用水量分别为 7.8m^3、12.5m^3、13.9m^3，达到韩国、日本、澳大利亚等先进国家水平。北京、天津、上海农田灌溉水有效利用系数分别为 0.747、0.738、0.714，达到美国、澳大利亚等先进国家水平。

（3）全国用水总量有效控制。近年来，我国用水总量基本维持在 6100 亿 m^3 左右，北方部分省份用水量零增长，南方丰水省份用水量也进入微增长阶段。2019 年，我国 GDP 比 2002 年增长 3.4 倍，粮食增产 45%，但用水总量仅增加 9.5%。微量的用水增长，保障了社会经济的高质量发展和用水安全。

（4）全国用水结构逐渐调整。2013 年以来，我国生活用水呈持续增加态势，工业用水从总体增加转为逐渐趋稳，近年来略有下降，农业用水受气候和实际灌溉面积的影响上下波动，占用水总量的比例有所减少。2019 年，全国用水总量 6021.2 亿 m^3，与 2018 年比较增加 5.7 亿 m^3。工业用水量减少 44.1 亿 m^3，占比降低 0.8%；农业用水量减少 10.9 亿 m^3，占比降低 0.2%；生活用水量增加 11.9 亿 m^3，占比提高 0.2%；人工生态环境补水增加 48.8 亿 m^3，占比提高 0.8%。

三、我国节水面临的主要问题

1. 节水不充分，与国际先进水平相比还有较大差距

2019 年，我国万元国内生产总值用水量为 60.8m^3，明显高于欧洲国家的平均万元国内生产总值用水量 25.2m^3和北美国家的平均万元国内生产总值用水量 48.3m^3的水平。全国农田灌溉水有效利用系数为 0.559，与世界先进水平 0.7～0.8 的有效利用系数相比有较大差距，高效节水灌溉率约为 25%。城市公共供水管网漏损率为 10.6%，这一数据在日本东京和德国分别为 3.1%和 4.9%。城乡节水器具安装和普及率还比较低。非常规水源利用量仅占总用水量的 1.8%，再生水利用率为 16.0%，远低于以色列 90% 的再生水利用率。

2. 节水不均衡，区域间节水水平差异较大

受自然资源条件和社会经济发展水平等因素的影响，我国不同省区市之间用水效率水平差距较大。根据 2019 年全国统计数据，人均综合用水量最高省份

为 2346m^3，最低省份为 182m^3，相差约 13 倍。万元国内生产总值用水量最高省份为 432.2m^3/万元，最低省份为 11.8m^3/万元，相差约 37 倍。实际灌溉用水量最高省份为 907m^3/亩，最低省份为 157m^3/亩，相差约 6 倍。万元工业增加值用水量方面，最高省份为 113.9m^3/万元，最低省份为 7.8m^3/万元，相差约 15 倍。

3. 节水不持续，工程短板与行业监管问题仍然突出

目前，一些地方的节水措施尚未形成真正的节水能力，工程建设标准低、设计不规范、重建轻管等问题突出。有的用水主体节水动力不足，水价长期偏低，现行居民用水阶梯水价和非居民用水超定额累进加价制度还不完善，节水还缺少投融资、税收优惠等政策支持。节水法规标准刚性不足，节约用水条例立法进程缓慢，强制性节水标准定额缺乏，节水计量监测不足，节水统计制度还不完善。节水技术创新不强，成果转化率不高，尚未形成产学研技术创新体系和良性发展链条。节水意识不够强，多数人缺少水危机感，社会各界未充分认识到节水的重要性，节约用水公众参与程度不足。

第四节 节水标准体系

一、节水标准体系的概念与作用

1. 节水标准体系的概念

节水标准体系是指若干相互关联规范节水事项的标准所构成的整体。节水标准体系内容应包括用水管理，合理和高效用水，减少用水损失、浪费和保护。领域应覆盖经济、技术、科学及管理等各个领域的涉水事项。体系结构应包括节水的国家标准、行业标准、地方标准、团体标准和企业标准。

团体标准是社会组织和产业技术联盟为满足市场和创新需要自主制定的技术标准。企业节水标准是企业自主制定的高于国家标准、行业标准、地方标准的节水标准。

2. 节水标准体系的作用

（1）保障水资源政策实施。例如，节水（水资源）的规划通则类标准，评价或评估类标准，论证标准，水质标准，执法监督标准等。

（2）规范涉水行为。例如，取（用）水定额标准，水平衡测试技术导则，水资源监测技术标准，用水计划、计量、统计技术标准，污水处理、再生水处理标准，节水实施验收技术标准等。

（3）规范市场的节水产品。例如，节水产品（工程）质量标准，节水龙头、节水坐便器质量标准，节水灌溉技术标准等；节水（供水）服务技术标准，合同节水技术标准，水效核定技术标准等。

二、节水标准体系的内容

节水标准体系由基础通用标准子体系、产品水效标准子体系（强制性）、取(用）水定额标准子体系、节水技术与产品标准子体系、节水设计与运行标准子体系、计量与检测标准子体系、计算与评价标准子体系、处理与回用标准子体系、持续改进标准子体系等9个子体系组成，各标准子体系下又有许多标准，如图2-1和图2-2所示。

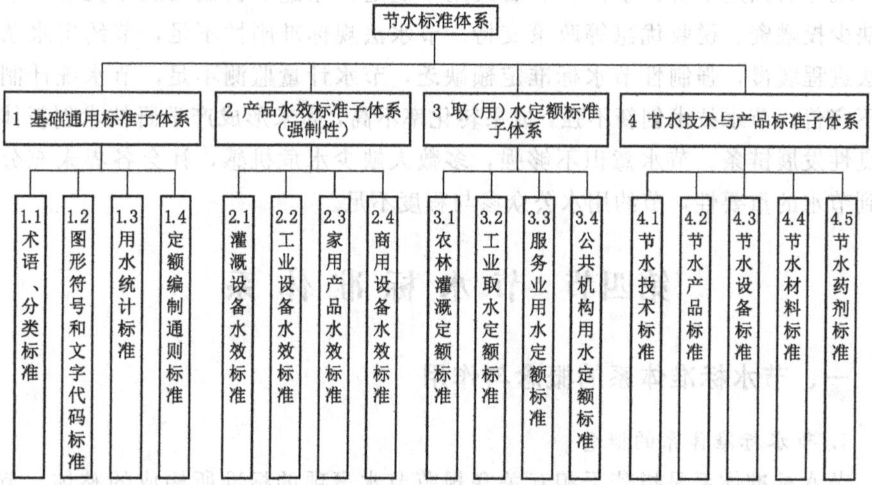

图2-1 节水标准体系（一）

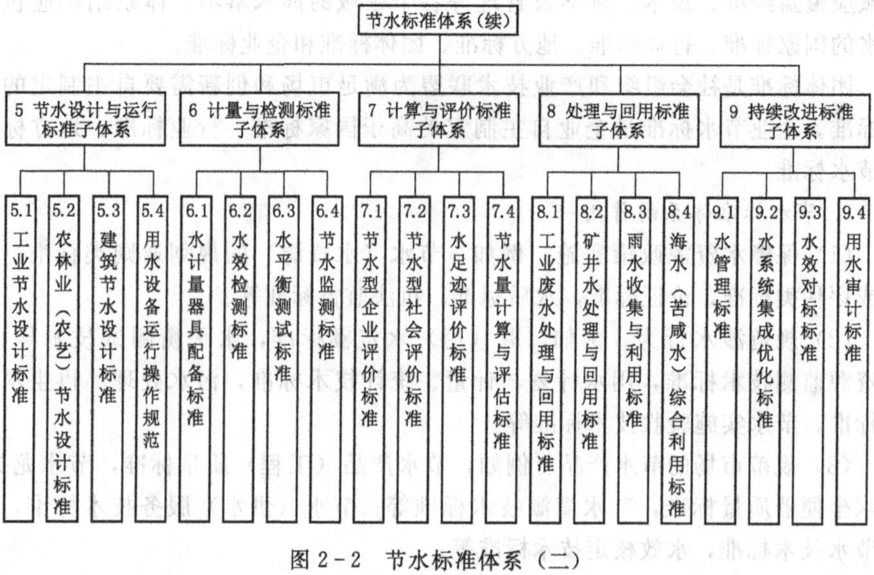

图2-2 节水标准体系（二）

(1) 节水基础与管理标准。节水基础与管理标准包括：《节水型企业评价导则》(GB/T 7119—2018)，指导各行业编写具体的节水型企业评价标准；《工业用水节水 术语》(GB/T 21534—2008)，厘清工业用水和节水相关术语和定义；《企业水平衡测试通则》(GB/T 12452—2008)，给出详细的水平衡测试程序和方法；《用水单位水计量器具配备和管理通则》(GB/T 24789—2009)，明确企业用水计量器具的配备要求和管理要求；《工业企业产品取水定额编制通则》(GB/T 18820—2011)，指导各行业编写具体的取水定额标准；《企业用水统计通则》(GB/T 26719—2011)，规定企业进行用水统计的要求和方法；《工业企业用水管理导则》(GB/T 27886—2011)，为企业用水管理提供具体的方法指导；《工业企业水系统集成优化导则》(GB/T 29749—2013)，明确企业进行用水系统集成优化的原则、程序和方法。

(2) 取水定额系列标准。取水定额系列标准是国家水行政主管部门针对相关高用水行业开展水资源论证、计划用水和企业水资源利用效率和评价企业节水水平的主要指标之一，也是国家水资源供应和企业水资源购入、管理及分配的控制指标。2002 年以来，我国先后针对钢铁、纺织、造纸、石油和化工、食品发酵、有色金属、煤炭、医药等高用水行业制定取水定额国家标准，为计划用水和定额管理发挥了重要作用，取得了巨大效益。

取水定额按用水用途分为农业用水定额、工业用水定额标准和生活与服务业用水定额标准，按使用范围分为全国性定额标准、地区性定额标准和部门定额标准、企（事）业单位定额标准。企（事）业单位定额标准应优于部门定额标准，部门定额标准应优于全国定额标准。对国家已制定的用水定额项目，省级用水定额要严于国家用水定额。有条件的地级城市和地区水行政主管部门可以组织制定严于省级用水定额的本地用水定额，经本省水行政主管部门同意后，作为省级用水定额体系的组成部分，并按照有关程序发布实施。

(3) 节水型企业标准。2012 年，工业和信息化部、水利部和全国节约用水办公室联合印发的《关于深入推进节水型企业建设工作的通知》中明确指出，节水型企业相关标准作为评价指标和主要标准。2014 年，在钢铁、纺织、造纸和饮料四个行业开展了首批节水型企业建设工作，经过申报、推荐、论证、核验和意见征求等流程，于 2014 年 12 月公示了一批节水型企业和标杆指标，共有 12 家企业入选，部分标准为：①《节水型企业 纺织染整行业》(GB/T 26923—2011)；②《节水型企业 钢铁行业》(GB/T 26924—2011)；③《节水型企业 造纸行业》(GB/T 26927—2011)；④《节水型企业 火力发电行业》(GB/T 26925—2011)；⑤《节水型企业 石油炼制行业》(GB/T 26926—2011)；⑥《节水型企业 乙烯行业》(GB/T 32164—2015)；⑦《节水型企业 味精行业》(GB/T 32165—2015)。

(4) 产品水效标准。产品水效系列标准为推动用水效率标识制度的建立提供了有力的技术支撑。《国务院关于实行最严格水资源管理制度的意见》(国发〔2012〕3号)、《节水型社会建设“十二五”规划》及《关于加强节水产品质量提升与推广普及工作的指导意见》等重要政策文件中均明确指出要制定节水强制性标准，逐步建立用水效率标识管理制度。目前已发布坐便器、蹲便器、水嘴、淋浴器等产品的国家标准，部分标准如：《水嘴用水效率限定值及用水效率等级》(GB 25501—2010)；《坐便器用水效率限定值及用水效率等级》(GB 25502—2010)；《小便器用水效率限定值及用水效率等级》(GB 28377—2012)；《淋浴器用水效率限定值及用水效率等级》(GB 28378—2012)；《便器冲洗阀用水效率限定值及用水效率等级》(GB 28379—2012)；《电动洗衣机能效水效限定值及等级》(GB 12021.4—2013)；《蹲便器用水效率限定值及用水效率等级》(GB 30717—2014)。

(5) 服务业节水标准。2011年，《节水型社区评价导则》(CB/T 26928—2011) 和《服务业节水型单位评价导则》(GB/T 26922—2011) 国家标准发布。2014年12月，高尔夫球场、室外人工滑雪场、洗车、洗浴等4个高用水服务业节水标准发布。这些标准的出台将作为指导高耗水服务行业加强节水管理、提高用水效率的重要依据。部分标准为：《节水型社区评价导则》(GB/T 26928—2011)；《服务业节水型单位评价导则》(GB/T 26922—2011)；《洗车场所节水技术规范》(GB/T 30681—2014)；《洗浴场所节水技术规范》(GB/T 30682—2014)；《室外人工滑雪场节水技术规范》(GB/T 30683—2014)；《洗浴场所节水技术规范》(GB/T 30682—2014)。

(6) 节水与水处理技术标准。部分标准为：《钢铁联合企业水系统集成优化实施指南》(GB/T 30887—2014)；《纺织废水膜法处理与回用技术规范》(GB/T 30888—2014)；《工业废水处理与回用技术评价导则》(GB/T 32327—2015)。

第五节 节水产品认证与水效标识

一、节水产品及其认证

1. 节水产品概念

节水产品是指符合质量、安全和环保要求，提高用水效率，减少水使用量的产品。根据能否直接节水分为直接型节水产品、间接型节水产品、替代型节水产品。根据节水领域分为农业节水产品、工业节水产品、城镇生活节水产品，农业节水产品如喷灌设备、滴灌设备等，工业节水产品如冷却设备、污水回用设备等，城镇生活节水产品如便器、水嘴、净水机等。

2. 节水产品认证

节水产品认证是指依据相关的标准和技术要求，经节水产品认证机构确认并通过颁布节水产品认证证书和节水标志，证明某一认证产品为节水产品的活动。重点关注产品质量合格指标，核心理念是倡导正确节水理念，指导消费，引导节水技术进步，促进节水产业健康发展。

节水产品认证制度是节水型社会制度建设的重要组成部分，在《国务院关于加快发展循环经济的若干意见》（国发〔2005〕22号）中提出，消费环节要大力倡导有利于节约资源和保护环境的消费方式，鼓励使用能效标识产品、节能节水认证产品和环境标志产品、绿色标志食品和有机标志食品，政府采购目录要优先考虑节能、节水和环保认证产品。

3. 节水产品认证需具备的条件

（1）中华人民共和国境内企业应持有工商行政主管部门颁发的《企业法人营业执照》，境外企业应持有有关机构的登记注册证明。

（2）质量体系符合《质量管理体系要求》（ISO 9001—2008）标准或等同采用 ISO 9001—2008 的国家标准的要求及相关节水产品认证机构的补充要求。

（3）产品属于国家颁布的可开展节水产品认证的产品目录范围。

（4）产品规定具有生产许可证，质量稳定可靠，能正常批量生产，有足够的供货能力，具备售前、售后的优质服务和备品、备件的保证供应。

（5）产品依据相关节水产品认证机构确认的产品标准或技术要求组织生产。

（6）产品节水性能符合相关节水产品认证机构确认的能效标准或制定的技术要求的规定。

4. 节水产品认证过程

我国节水产品认证中心在开展某类产品的节水认证工作之前，首先会发布相应的认证标准或技术要求。同时，也会适时地举办培训班，向拟提交认证申请的企业宣贯认证标准或技术要求、介绍认证程序和有关规定。在此基础上，认证中心向企业发放“节水产品认证申请书”。认证中心收到企业递交的申请书后即可受理其节水产品认证的申请。

5. 节水产品认证标志

2001年3月22日，“国家节水标志”（图2-3）在水利部举办的以“建设节水型社会，实现可持续发展”为主题的纪念第九届“世界水日”暨第十四届“中国水周”座谈会上揭牌，这标志着我国从此有了宣传节水和对节水型产品进行标识的专用标志。国家节水标志目前由

新华节水认证
XHJS Water Saving Certification

图2-3 国家节水标志

水利部综合事业局授权北京新华节水产品认证有限公司使用，通过其认证的企业可以在相关产品上使用国家节水标志。

二、水效标识

1. 水效标识概念

水效标识是市场经济条件下政府对用水产品管理的重要举措。水效标识是附在用水产品上的信息标签，用来表示产品的水效等级、用水量等性能指标，目的是引导消费者选择高效节水产品。

图 2-4 中国水效标识

2. 中国水效标识

水效标识名称为“中国水效标识”（China Water Efficiency Label），水效标识应包括以下几项基本内容：生产者名称或者简称，产品规格型号，水效等级，水效指标，依据的国家强制性水效标准编号，水效信息码，实施规则中规定的其他内容，如图 2-4 所示。

国家对节水潜力大、使用面广的用水产品实行水效标识制度。国家制定并公布了《中华人民共和国实施用水效率标识的产品目录》，确定了统一适用的产品水效标准、实施规则、水效标识样式和规格。凡列入《中华人民共和国实施用水效率标识的产品目录》的产品，应在产品或产品最小包装的明显部位标注统一的水效标识。对于网络交易，销售者应在产品信息展示主页面的醒目位置展示相应的水效标识。

三、水效领跑者

1. 水效领跑者概念

水效领跑者是指同类可比范围内用水效率处于领先水平的用水产品、企业和灌区。水效领跑者引领行动实施范围包括用水产品、重点用水行业和灌区，遴选程序为自愿申报、地方推荐、专家评审和社会公示。通过树立标杆、标准引导、政策鼓励，形成用水产品、企业和灌区用水效率不断提升的长效机制，建立节水型的生产、生活方式和消费模式。

2. 用水产品水效领跑者的基本要求

(1) 水效指标达到国家标准 1 级以上，且代表同类产品的领先水平，具有取得资质认定的检验检测机构出具的第三方水效检测报告或获得经批准的认证机构颁发的节水产品认证证书。

（2）产品为量产的定型产品，达到一定的销售规模。

（3）产品质量性能优良，近一年内产品质量国家监督抽查和执法检查中，该品牌产品无不合格和质量违法行为。

（4）生产企业为中国大陆境内合法的独立法人，具有完备的质量管理体系、健全的供应体系和良好的售后服务能力。

3. 用水企业水效领跑者的基本要求

（1）符合相关节水标准，单位产品取水量指标达到行业领先水平。

（2）具有取用水资源的合法手续，近三年取水无超计划。

（3）建立健全节水管理制度，各生产环节有配套的节水措施，建立了完备的用水计量和统计管理体系，水计量器具配备满足国家标准《用水单位水计量器具配备和管理通则》（GB 24789—2009）的要求。

（4）无重大安全和环境事故，无违法行为。

4. 灌区水效领跑者的基本要求

（1）用水效率处于同类型灌区的领先水平。

（2）灌区工程管理和用水管理措施到位，满足《节水灌溉工程技术规范》（GB/T 50363—2018）的要求。

（3）灌区具备完善的管理制度，用水计量和调度设施配置完备、技术先进，水效监测和评价符合《全国农田灌溉水有效利用系数测算分析技术指导细则》的要求。

5. 水效领跑者标志

列入水效领跑者的产品、企业和灌区，应使用统一的水效领跑者标志（图 2－5）。水效领跑者产品可以在产品本体明显位置或包装物上印刷水效领跑者标志。鼓励符合条件的企业和灌区在宣传活动中使用水效领跑者标志。

201X
水效领跑者

图 2－5　水效领跑者标志

第三章

节水型社会建设相关知识

第一节 节水型社会建设内容与标准

一、节水型社会建设背景

随着我国社会经济的发展，我国的水资源供需矛盾和所面临的水问题日趋严重，必须以提高用水效率和效益为核心，加强水资源管理体系建设，综合运用法律、经济、科技和行政等综合措施，转变经济发展模式和社会生活方式，全方位建设节水型社会，才能实现可持续发展。建设节水型社会，其意义绝不亚于三峡工程和南水北调工程。

2002 年颁布的《中华人民共和国水法》规定："国家厉行节约用水，大力推行节约用水措施，推广节约用水新技术、新工艺，发展节水型工业、农业和服务业，建立节水型社会"。2002 年 12 月 17 日，水利部以水资源〔2002〕558 号文印发了《关于开展节水型社会建设试点工作指导意见》的通知，标志着我国节水型社会建设的正式启动，目的是通过试点建设，取得经验，逐步推广，力争用 10 年左右的时间，初步建立起我国节水型社会的法律法规、行政管理、经济技术政策和宣传教育体系。2002 年，水利部在甘肃省张掖市率先进行了全国第一家节水型社会建设试点工作。2004 年起，水利部正式启动节水型社会建设试点工作，分四批选择了约 100 个国家级节水型社会建设试点地区。山西省太原市、晋城市、侯马市、阳泉市先后列入试点建设行列。

2006 年，北京市水务局、北京市发展和改革委员会、北京市农村工作委员会、北京市园林绿化局等部门联合发出节水倡议书："发展循环经济，建设节约型社会，全社会行动起来，充分利用雨水资源"。天津市抓住节水型生活用水器具这个载体，大力推广应用，在全国率先开展"节水型器具进万家"活动，取得了明显的成效。2011 年中央一号文件《中共中央 国务院关于加快水利改革发展的决定》提出：确立用水效率控制红线，坚决遏制用水浪费，把节水工作贯穿于经济社会发展和群众生产生活全过程。加快制定区域、行业和用水产品的用水效率指标体系，加强用水定额和计划管理。对取用水达到一定规模的用水户实行重点监控。严格限制水资源不足地区建设高耗水型工业项目。落实建设项目节水设施与主体工程同时设计、同时施工、同时投产进度。加快实施节水技术改造，全面加强企业节水管理，建设节水示范工程，普及农业高效节水技术。抓紧制定节水强制性标准，尽快淘汰不符合节水标准的用水工艺、设备和产品。《国务院关于实行最严格水资源管理制度的意见》（国发〔2012〕3号）提出，确立用水效率控制红线，到2030年达到或接近世界先进水平。

2014年，习近平总书记就保障水安全问题作出重要讲话，深刻分析了当前我国水安全新老问题交织特别是水资源短缺、水生态损害、水环境污染等新问题导致的严峻形势，提出了“节水优先、空间均衡、系统治理、两手发力”的治水思路。2016年10月28日，九部委联合印发了《全民节水行动计划》的通知（发改环资〔2016〕2259号）。2017年5月，水利部以水资源〔2017〕184号文件印发了《水利部关于开展县域节水型社会达标建设工作的通知》，要求北方地区到2020年年底，40%以上的县（区）级行政区达到《节水型社会评价标准（试行）》的要求。节水型社会必须围绕节水型农业、节水型工业与节水型服务业，以节水型灌区、节水型企业与节水型小区（社区）或机关为载体，精准落实到具体的用水户。

二、节水型社会建设相关概念

1. 节水型社会

节水型社会是一种社会运行状态，以提高水资源的利用效率和效益为中心，在全社会建立起节水的管理体制和以经济手段为主的节水运行机制，在水资源开发利用的各个环节上，实现对水资源的配置、节约和保护，最终实现以水资源的可持续利用支持社会经济的可持续发展。

2. 节水型载体

以企业、公共机构单位、居民小区为载体，以提高节水意识，倡导科学用水和节约用水的生产、生活为核心，通过对标达标、加大宣传，发挥节水的引导作用，调动企业、公共机构单位职工和居民家庭的节水积极性，营造全民节水的良好氛围，使节约用水成为企业、公共机构单位职工和居民家庭的自觉行动。

3. 节水型机关（单位）

节水型机关（单位）是指采用先进适用的管理措施和节水技术，经评价用水效率达到规定标准，并经相关部门或机构认定的机关（单位）。

4. 节水型高校（校园）

采用先进适用或者有效的节水管理、节水技术和宣传教育等措施，取得节水效果，经评估达到《节水型高校评价标准》(T/CHES 32—2019，T/JYHQ 0004—2019）标准要求的普通高校。

5. 节水型居民小区

节水型居民小区是指各项用水指标符合相关节水要求，各项节水管理符合有关节水政策的城镇居民生活小区，其基本条件包括：水资源利用合理，综合利用充分，节水管理组织健全，节水器具配备齐全、性能达标、运行良好，水表计量准确，用水指标先进等。

6. 节水型企业

采用先进适用的管理措施和节水技术，用水效率经评价达到国内同行业先进水平的企业。

三、节水与节水型社会关系

节水是指采取现实可行的综合措施，减少水资源的损失和浪费，提高用水效率与效益，合理高效利用水资源。

节水型社会就是人们在生活和生产过程中，在水资源开发利用的各个环节，贯穿对水资源的节约和保护意识，以完备的管理体制、运行机制和法制体系为保障，在政府、用水单位和公众的共同参与下，通过行政、经济、技术和工程等措施，结合社会经济结构的调整，实现全社会用水在生产和消费上的高效合理，促进区域经济社会的可持续发展。

节水型社会并不是在现有的社会系统上加上节水的内容，而是在社会各个层面和各个领域的具体实践活动中，都以节水作为其社会行为的一项基本准则，通过建立健全相关机制体系，协调社会经济结构，实现社会系统、生态系统和水资源的良性发展，保障水资源的持续利用以及对社会经济发展的永续支撑。可以看出，节水型社会较传统意义的节水有着更为丰富的内涵。

四、节水型社会建设内容

节水型社会建设的核心是制度建设，要建立以水权、水市场理论为基础的水资源管理体制，形成以经济手段为主的节水机制，建立起自律式发展的节水模式，不断提高水资源的利用效率和效益。在建设节水型社会过程中，要明晰初始水权，确定水资源宏观总量控制与微观定额管理两套指标体系，并采取法律、经济、工程、行政、科技等综合调控措施以保证两套指标体系的实现。具体内容如下。

1. 总量控制

根据国家确定的分水方案，将地级市可利用的水资源量作为水权，逐级分配到各县（区）、乡镇、用水户（村、企业）和国民经济各部门，确定各级水权，并实行总量控制。

2. 以水定产

根据水权总量，依据现状和未来水资源承载力，科学制定国民经济和社会发展规划，建立与水资源承载力相适应的经济结构，实行以水定产业、以水定结构、以水定规模、以水定灌溉面积。

3. 定额管理

依据水权总量，核定单位工业产品、人口、灌溉面积的用水定额和基本水价。以定额核总量，总量不足调结构，定额内用水执行基本水价，超定额用水加价收费。

4. 公众参与

在水资源管理和开发利用过程中，贯穿民主政治的思想，逐级选举产生用水户协会，参与水权、水价、水量的管理和监督，由村级用水户协会管理村集体水权，配水到户，并负责斗渠以下水利工程的管理、维修和水费收取。

5. 水权流转

在用水户协会和政府水管部门的监督下，用水户有权以有偿转让的方式出售水量。转让价格按照效益优先、兼顾公平的原则，在接受政府宏观调控指导的前提下，随行就市。

6. 城乡一体化

由水行政主管部门对水资源实行统一规划，统一调度，统一发放取水许可证，统一征收水资源费，统一管理水量水质，实行城乡水资源统一管理。

五、县域节水型社会达标建设的评价标准

1. 必备条件

（1）最严格水资源管理制度、水资源消耗总量和强度双控行动确定的控制指标全部达到年度目标要求。

（2）近两年实行最严格水资源管理制度考核结果为良好及以上。

（3）节水管理机构健全，职责明确，人员齐备。

2. 评价方法

（1）除标准特别指出之外，应当采用上一年的资料和数据进行评价计算得分。

（2）总分85分以上者认定为达到节水型社会标准的要求。

（3）如遇缺项，则该项不得分，评价总分按照公式进行折算，折算公式为：评价总分=(实际总得分－加分项得分)×100/(100－缺项对应分值)＋加分项得分。加分项不计入缺项。

3. 节水型社会评价内容与评分标准

节水型社会评价的内容包括用水定额管理、计划用水管理、用水计量、水价机制、节水“三同时”管理、节水载体建设、供水管网漏损控制、生活节水器具推广、再生水利用、社会节水意识等方面，具体评价内容、评分标准与分数见表3-1。

表3-1 节水型社会评价内容与评分标准表

序号	评价类别	评价内容	评分标准	分数
1	用水定额管理	严格各行业用水定额管理，强化定额使用	在水资源论证、取水许可、节水载体认定等工作中严格执行用水定额，得8分。在近两年上级部门水资源管理监督检查中，发现一例未按规定使用用水定额的，扣1分，扣完为止	8
2	计划用水管理	纳入计划用水管理的城镇非居民用水单位① 数量占应纳入计划用水管理的城镇非居民用水单位数量的比例	所占比例达到100%，得10分；每降低3%，扣1分，扣完为止	10
3	用水计量	农业灌溉用水计量率②：农业灌溉用水计量水量占农业灌溉用水总量的比例	北方地区③：农业灌溉用水计量率≥80%，得5分；每降低4%，扣1分，扣完为止； 南方地区：农业灌溉用水计量率≥60%，得5分；每降低4%，扣1分，扣完为止	10
		工业用水计量率：工业用水计量水量与工业用水总量的比值	工业用水计量率为100%，得5分；每降低3%，扣1分，扣完为止。规模以上工业企业④用水计量率必须达到100%，否则本项得0分	
4	水价机制	推进农业水价综合改革，建立健全农业水价形成机制，推进农业水权制度建设，建立农业用水精准补贴和节水奖励机制	农业水价综合改革实际实施面积占计划实施面积⑤比例达到100%，得2分；每降低2%，扣0.1分，扣完为止； 实际执行水价加精准补贴（补贴工程运行维护费部分）占运行维护成本比例达到100%，得2分；每降低2%，扣0.1分，扣完为止	16
		实行居民用水阶梯水价制度	城镇居民生活用水实行阶梯水价制度，得4分；未实行，得0分	
		实行非居民用水超计划超定额累进加价制度	非居民用水实行超计划超定额累进加价制度，得4分；未实行，得0分	

续表

序号	评价类别	评价内容	评分标准	分数
4	水价机制	水资源费征缴	按标准足额征缴水资源费，得4分；在近两年上级部门水资源管理监督检查中，发现1例未足额征缴的，扣1分，扣完为止	16
5	节水“三同时”管理	新（改、扩）建建设项目执行节水设施与主体工程同时设计、同时施工、同时投产制度	新（改、扩）建建设项目全部执行节水“三同时”管理制度，得6分；在近两年上级部门水资源管理监督检查中，发现1例未落实节水“三同时”制度的，扣1分，扣完为止	6
6	节水载体建设	节水型企业建成率：重点用水行业⑥节水型企业数量与重点用水行业企业总数的比值	北方地区：节水型企业建成率≥50%，得6分；每降低3%，扣1分，扣完为止； 南方地区：节水型企业建成率≥40%，得6分；每降低3%，扣1分，扣完为止	18
		公共机构节水型单位建成率：公共机构节水型单位数量与公共机构⑦总数的比值	公共机构节水型单位建成率≥50%，得6分；每降低3%，扣1分，扣完为止	
		节水型居民小区建成率：节水型居民小区数量与居民小区⑧总数的比值	北方地区：节水型居民小区建成率≥20%，得6分；每降低1%，扣2分，扣完为止； 南方地区：节水型居民小区建成率≥15%，得6分；每降低1%，扣2分，扣完为止	
7	供水管网漏损控制	公共供水管网漏损率：城镇公共供水总量和有效供水量之差与供水总量的比值	公共供水管网漏损率≤10%［各地区可根据《城市供水管网漏损控制及评定标准》(CJJ 92—2016）对10%的评价值进行修订，按照修订值进行评分］，得8分；每高1%，扣1分，扣完为止	8
8	生活节水器具推广	全面推动公共场所⑨、居民家庭使用生活节水器具	公共场所和新建小区居民家庭全部采用节水器具，得8分；发现1例未使用，扣1分，扣完为止。（初评抽查公共场所和居民家庭不少于10个）	8
9	再生水利用⑩	再生水利用率：经过处理并再次利用的污水量与污水总量的比值（指市政处理部分，不含企业内部循环利用部分）	北方地区：再生水利用率≥20%，得8分；每降低1%，扣1分，扣完为止； 南方地区：再生水利用率≥15%，得8分；每降低1%，扣1分，扣完为止	8

续表

序号	评价类别	评价内容	评分标准	分数
10	社会节水意识	开展节水宣传教育活动	经常性开展节水公益宣传活动，普及水情知识和节水知识，得4分；未开展，得0分	8
		公众具有明显的节水意识	通过电话、网络等方式进行公众节水意识调查[11]，70%以上的调查对象具有明显的节水意识，得4分；每降低5%，扣1分，扣完为止	
11	加分项	节水标杆示范	区域内有企业、公共机构、产品、灌区被评为国家级或省级水效领跑者或节水标杆单位（企业），加3分	3
		实行节水激励政策	本级财政对节水项目建设、节水技术推广等实行补贴或其他优惠等激励政策，加4分	4
		推广喷灌、微灌、管道输水等高效节水灌溉技术	北方地区高效节水灌溉率[12]≥40%，南方地区高效节水灌溉率≥30%，加3分	3

① 城镇非居民用水单位是指纳入取水许可管理和从公共供水管网取水的工业、服务业用水单位。

② 农业灌溉用水计量率是指有计量设施的农业取水口灌溉取水量占灌溉总取水量的比例。

③ 北方地区包括北京、天津、河北、山西、内蒙古、辽宁、吉林、黑龙江、山东、河南、陕西、甘肃、宁夏、新疆等14个省（自治区、直辖市）。其他省（自治区、直辖市）为南方地区，包括江河源头区的青海、西藏。

④ 规模以上工业企业是指年主营业务收入在2000万元以上的工业企业。

⑤ 农业水价综合改革实际实施面积是指县级行政区（含直辖市所辖区、县）自部署实施农业水价综合改革以来已实施的总面积，计划实施面积是指计划实施的总面积。

⑥ 重点用水行业包括火电、钢铁、纺织染整、造纸、石油炼制、化工、食品等行业。

⑦ 公共机构是指县（区）级机关和县（区）事业单位。

⑧ 居民小区是指由物业公司统一管理、实行集中供水的城镇居民小区。

⑨ 公共场所是指公用建筑物、活动场所及其设施等。

⑩ 再生水是指污水经过适当处理后，达到一定的水质指标，并满足某种使用要求，可以再次利用的水。

⑪ 公众节水意识调查由县级行政区（含直辖市所辖区、县）自主开展，在评价时重点对调查工作进行核查。

⑫ 高效节水灌溉率是指高效节水灌溉面积占灌溉面积的比例。

第二节 合同节水管理

合同节水管理是指节水服务企业与用水户以合同形式，为用水户募集资本、集成先进技术，提供节水改造和管理等服务，以分享节水效益的方式收回投资、获取收益的节水服务机制。推行合同节水管理，有利于降低用水户节水改造风险，提高其节水积极性；有利于促进节水服务产业发展，培育新的经济增长点；

有利于节水减污，提高用水效率，推动绿色发展。

一、推行合同节水管理的背景

在水资源总量有限、水资源日益紧缺、水环境趋于恶化、水污染排放增长的背景下，抓好节水和治污工作尤为迫切。中共中央关于制定国民经济和社会发展第十三个五年规划的建议中提出：坚持绿色发展，着力改善生态环境。全面节约和高效利用资源。坚持节约优先，树立节约集约循环利用的资源观。实行最严格的水资源管理制度，以水定产，以水定城，建设节水型社会。合理制定水价，编制节水规划等。建立健全用能权、用水权、排污权、碳排放权等初始分配制度，创新有偿使用、预算管理、投融资机制，培育和发展交易市场。推行合同能源管理和合同节水管理。

二、推行合同节水管理的目标

在高效节水灌溉、供水管网漏损控制和水环境治理等项目中，以政府和社会资本合作、政府购买服务等方式，积极推行合同节水管理。鼓励龙头企业、设备供应商、投资机构、科研院所成立节水服务产业联盟。《关于推行合同节水管理促进节水服务产业发展的意见》（发改环资〔2016〕1629号）提出：“到2020年，合同节水管理成为公共机构、企业等用水户实施节水改造的重要方式之一，培育一批具有专业技术、融资能力强的节水服务企业，一大批先进适用的节水技术、工艺、装备和产品得到推广应用，形成科学有效的合同节水管理政策制度体系，节水服务市场竞争有序，发展环境进一步优化，用水效率和效益逐步提高，节水服务产业快速健康发展。”

三、合同节水管理的模式

1. 合同节水管理模式概念

合同节水管理模式是 PPP（public-private-partnership）模式的一种类型，是政府和社会资本合作，为节约水资源，改善水环境而建立的一种服务机制。由社会资本承担节水工程项目的设计、建设、运营、维护等大部分工作，并通过“政府付费”购买节水或水环境治理效果服务的方式获得合理投资回报。政府部门通过制定政策及节水或水环境治理服务奖惩机制和质量监管，以保证节水或水环境治理效益的最大化。政府与社会资本及用水单位以契约形式约定节水或水环境治理项目的目标。合同节水管理模式适用于生活服务业、工业企业、水环境治理和农业高效节水灌溉等领域。

2. 合同节水管理模式类型

合同节水管理模式目前有以下三种类型。

（1）节水效益分享型。节水服务企业和用水户按照合同约定的节水目标和分成比例收回投资成本、分享节水效益的模式。

（2）节水效果保证型。节水服务企业与用水户签订节水效果保证合同，达到约定节水效果的，用水户支付节水改造费用，未达到约定节水效果的，由节水服务企业按合同对用水户进行补偿。

（3）用水费用托管型。用水户委托节水服务企业进行供用水系统的运行管理和节水改造，并按照合同约定支付用水托管费用。

在推广合同节水管理典型模式的基础上，鼓励节水服务企业与用水户创新发展合同节水管理商业模式。

四、合同节水管理的重点领域

1. 公共机构

在政府机关、学校、医院等公共机构采用合同节水管理模式，对省级以上政府机关、省属事业单位、学校、医院等公共机构进行节水改造，加快建设节水型单位；严重缺水的京津冀地区，市县级以上政府机关要加快推进节水改造。

2. 公共建筑

写字楼、商场、文教卫体、机场车站等公共建筑的节水改造，引导项目业主或物业管理单位与节水服务企业签订节水服务合同，推行合同节水管理。

3. 高耗水工业

在高耗水工业中广泛开展水平衡测试和用水效率评估，对节水减污潜力大的重点行业和工业园区、企业，大力推行合同节水管理，推动工业清洁高效用水，大幅提高工业用水循环利用率。

4. 高耗水服务业

在高尔夫球场、洗车、洗浴、人工造滑雪场、餐饮娱乐、宾馆等耗水量大、水价较高的服务企业，积极推行合同节水管理，开展节水改造。

5. 其他领域

在高效节水灌溉、供水管网漏损控制和水环境治理等项目中，以政府和社会资本合作、政府购买服务等方式，积极推行合同节水管理。

第三节 节水型机关（单位）建设内容与标准

一、节水型机关（单位）建设标准

山西省节水型机关（单位）评价项目由技术指标、管理指标、鼓励性指标三部分组成，总分 110 分。其中，技术指标 50 分，管理指标 50 分，鼓励性指标

10分，节水型机关（单位）的总得分应当不低于90分，缺项指标按满分计算。

技术指标有人均用水量、用水总量、水计量率、节水设备普及率、用水管网漏损率、中央空调冷却补水率等6项指标。管理指标有规章制度、计量统计、管理维护、宣传教育等4项指标。鼓励性指标有用水实时监控、非常规水源利用、地方特色成效等3项指标。

二、创建节水型机关（单位）的具体要求

1. 完善节水管理制度

建立健全单位用水管理网络，落实专兼职节水管理机构和节水管理人员，明确相关领导和人员责任。完善内部节水管理规章制度，健全节水管理岗位责任制，制定并实施节水计划和年度用水计划，定期进行目标考核。

2. 强化节水日常管理

严格用水设施设备的日常管理，定期巡护和维修，杜绝跑冒滴漏。依据国家有关标准配备和管理用水设备和用水计量设施，实现用水分级、分单元计量，重点加强食堂、浴室等高耗水部位的用水监控。建立完整、规范的用水原始记录和统计台账，编制详细的供排水管网图和计量网络图，做好用水总量和用水效率的统计分析，按规定开展水平衡测试，摸清形式多样的节水宣传教育，提高干部职工的节水意识。

3. 推广使用节水型设备

积极推广应用先进适用的节水新技术和新产品，充分利用设施改造和维修等时机，实施洁具、食堂用水设施、空调设备冷却系统、老旧供水管网和耗水设备等设备的节水改造，淘汰不符合节水标准的用水设备和器具。新建、改建、扩建的项目，要制订节水措施方案，节水设施与主体工程同时设计、同时施工、同时投入使用。有条件的单位，应当开展再生水、雨水等非传统水源的利用。

4. 广泛宣传增强节水意识

深入开展节约用水活动，单位负责人率先垂范、厉行节约，积极教育引导本单位人员提高节约用水的自觉性，让节约用水成为习惯和生活方式，自觉成为节水型公共机构的宣传者、推动者和实践者。

三、创建节水型机关（单位）的流程

1. 建设工作步骤

（1）对照建设标准全面梳理，现场查勘与资料收集。

（2）开展水量平衡测试，分析用水技术指标。通过水平衡测试，可了解节水型技术标准中水计量率、节水设备（器具）普及率、人均用水量、用水（设备）器具漏失率、中央空调冷却补水率等指标。水平衡测试后，会为用水单位

给出节水管理、改造的针对性建议和措施，帮助单位申报节水型单位。

（3）用水器具节水改造。

（4）复测节水改造后的用水指标。

（5）制定节水相关规章制度。

（6）用水计量统计与原始台账整理。

（7）开展节水宣传，张贴节水宣传标识和海报，派发节水宣传小册子，召开节水知识宣传会议等。

2. 申报

开展自查自评，撰写自查报告，填写自查评分表；整理佐证材料；提交验收申请和自查材料。应提交的资料包括：公共机构节水型单位申报表，创建节水型单位工作领导小组名单，节水型单位创建工作总结，技术指标、管理指标和鼓励性指标考核标准自查说明，节水型单位自评分表，申报前一年度用水统计表，单位用水设备（器具）统计表，节水管理人员资料表，计划用水管理规定及重点用水管理办法，节水管理台账，巡回检查记录，节水宣传教育资料，用水计量管理制度，用水器具定期检修制度，水平衡测试验收合格证，非常规水源利用情况。

3. 验收

节水主管机构组织专家组现场验收，听取申报单位工作汇报；查阅创建活动相关证明文件和资料；现场抽查用水设备、节水措施及节水宣传情况；组织评审，现场评分。对评分不足 90 分的，提出整改意见，申报单位应在 1 个月内完成整改工作后再报节水主管机构组织进行验收。对评分满 90 分，验收通过的，由市节约用水办公室报请市政府发布节水型单位名单，授予公共机构“节水型单位”称号，并报上一级水行政主管部门，由节约用水办公室备案。

第四节 节水型高校（校园）建设

学校是节水宣传教育的重要阵地，向学生宣传一些节水妙招，让学生帮忙建立家庭用水状况台账，从而带动其他家庭成员一起参与到节水活动中来。对于高校学生，可以定期举办节水科技创新比赛，让学生通过对一些用水器具的改造或创新，激发他们对于节水技术的兴趣，使他们的节水观念在潜移默化中形成。

一、相关术语

1. 用水单元

高校内可单独进行用水计量考核的建筑物、场所、用水环节、用水系统和用水设备，包括主要用水单元和其他用水单元。

2. 主要用水单元

高校内直接服务于教学并提供学习、科研及辅助服务功能的用水单元，包括教学楼、办公楼、实验楼、图书馆、运动场地、学生教工宿舍、食堂餐饮、浴室、开水房、景观绿化、中央空调以及锅炉等。

3. 其他用水单元

高校内提供非教学服务功能的用水单元，包括家属区、医院、附属小学、幼儿园、宾馆、对外经营商业和基建、大型科研试验基地用水等。

4. 一级计量水表

计量市政供水管网进入高校总水量的水表，流量 $100m^3/h$ 以上，最大允许误差 1%～3%。

5. 二级计量水表

在一级水表计量范围内各用水单元用水量的水表，流量 $100m^3/h$ 以下（含 $100m^3/h$），最大允许误差 2%～5%。

6. 三级计量水表

在二级水表计量范围内不同用途、不同区域或不同用水单元用水量的水表。

7. 水计量率

在一定计量时间内，高校、用水单元、用水设备（用水系统）的水计量器具计量的水量占其对应级别全部水量的百分比。

8. 管网漏损率

用水管网漏损水量（一级表与次级表的水量差）与用水总量（一级表的水量）比值。

二、节水型高校（校园）建设主要措施

1. 健全节水管理制度，建立节水激励机制

各高校应推进“定额补贴，全额收费，超额自付”的水电管理制度改革，加强组织落实，完善管理网络，健全管理制度，增加经费投入，普及节水器具，强化工程改造，加大宣传力度，建立激励机制。

2. 加强节水教育，营造创建氛围

学校可以开展节约用水教育，介绍我国的水资源形势及节约潜力，使广大学生了解节约水资源的重要性和紧迫性，形成“节约用水，从我做起”的观念，自觉养成节约用水的良好习惯。例如，洗手之后主动将水龙头拧紧，洗漱过后的废水可以用来擦拭地板或冲洗厕所等，在生活中发现水资源跑、冒、滴、漏现象应及时关闭。同时，各高校可以将一年中的一个月，如 6 月定为“节水宣传月”，在校园网开设节水专题，征询师生节水方案和节水建议，并开展创建节水型高校征文、演讲比赛、主题班会、辩论赛等多种形式的活动，使同学们认

识到节约用水的重要性，并促使每个学生在日常生活和学习中养成节约用水的良好习惯，从而推动节约型高校的建设。

3. 推广科技节水，提高水资源的利用效率

各高校应充分利用校内、校外两大技术资源，积极推广节水型设备和器具，淘汰国家明令禁用的铸铁螺旋升降式水龙头，普遍采取延时自闭用水龙头，红外感应式和陶器阀芯快开式节水型龙头。例如，各高校可以改造学生宿舍高位水箱，将学生洗漱用水过滤处理后冲洗厕所，这样不仅节约了大量的水资源，还节省了大量的运营成本。

三、节水型高校（校园）建设标准

节水型高校（校园）建设标准同节水型机关（单位）建设标准。

四、节水型高校（校园）评价标准

节水型高校（校园）评价标准是判断高校（校园）节水水平的重要依据，是评价高校（校园）节水状况的基本标尺，是推进节水型高校（校园）建设的迫切需要。该标准主要包括评价范围、规范性引用文件、术语和定义、一般规定、节水管理评价指标及方法、节水技术评价指标及方法、特色创新评价指标及方法，从节水管理、节水技术以及特色创新三个方面提出了27项评价指标。

1. 一般规定

(1) 节水型高校（校园）的评价应以单个校园或学校整体作为评价对象。

(2) 普通高校（校园）次级用水单位包括教学楼、办公楼、实验楼、图书馆、运动场地、学生教工宿舍、食堂、餐饮、浴室、开水房、景观绿化、中央空调以及锅炉等，不含家属区、对外经营商业和临时基建等用水单位。

(3) 应坚持客观公正、实事求是、公平合理、依据充分的原则进行评价。

(4) 存在以下情况之一的不得参与评价节水型高校：

1) 近三年有违反水法、法规行为或发生重大水安全事故的；

2) 城市公共供水管网覆盖范围内，仍抽取地下水作为常规供水水源的；

(5) 节水型高校（校园）评价指标由节水管理评价指标、节水技术评价指标和特色创新评价。满分110分。其中，节水管理和节水技术的评价指标各50分，特色创新评价指标10分。节水型高校（校园）评价指标得分应不低于90分。

(6) 评价标准中以年为统计单位的指标，均指的是评价时的上一个自然年度。

2. 节水管理评价指标及方法

(1) 制度建设。应有高校领导负责的节水管理机构和人员，且职责明确，运行管理规范。应将节水型高校建设纳入高校总体发展规划，制订节水型高校建设实施方案。应制定并实施节水目标考核，用水设施管理等节水用水管理制

度。应将节水目标纳入学年（期）工作目标考核和表彰奖励范围。

（2）宣传教育。把节水宣传教育和实践活动纳入高校年度工作计划和考评；将学生参加情况作为德育教育和考核指标之一。开展各具特色的节水教育活动，普及节水知识，培育校园节水文化；举办节水宣传活动，提升师生的节水意识；组织开展学生节水实践活动。

（3）用水管理。

1）应有规范的用水记录，并及时分析核算。

2）应有计量网络图、供排水管网图和用水设施分布图，资料完整且管理规范。

3）近三年开展水平衡测试或用水评估，并运用成果促进节水工作。水平衡测试可参考《企业水平衡测试通则》（GB/T 12452—2008）开展。

4）加强对用水设施的日常管理，定期巡检和维护，饮用水安全措施到位，杜绝跑水等浪费现象。

5）建设节水监控平台，实施用水精细化管理。

（4）节水设施。

1）应按照《城镇供水管网漏损控制及评定标准》（CJJ 92—2016）规定的漏损检测周期和方法，对地下供水管网进行漏损检测，减少管网漏损。

2）终端用水设备应使用节水产品，生活用水器具应符合《节水型卫生洁具》（GB/T 31436—2015）的要求。

3）高校用水计量应实现用水分级分户精准计量，安装使用远程智能水表。

4）集中浴室和开水房应使用智能节水型热水控制器。

5）景观绿化、食堂餐饮、洗浴、游泳池、洗车、中央空调冷却水、锅炉冷凝水用水等应参照《服务业节水型单位评价导则》（GB/T 26922—2011），达到节水要求。

6）设置雨水收集、再生水利用、杂排水收集处理、浓水收集等非常规水利用设施；

（5）节水管理评价方法。评价采取查阅文件，现场抽查、核实，以及师生随机抽查等方式，并予以赋分。

3. 节水技术评价指标及方法

（1）标准人数人均用水量。标准人数人均用水量应为普通高校全年用水总量与高校标准人数的比值，且应小于各省（自治区、直辖市）普通高校用水定额。高校标准人数的计算应依据《用水定额编制技术导则》（GB/T 32716—2016），用水定额为区间值的各省（自治区、直辖市），用于判定的用水定额应从严选择。

（2）年计划用水总量。高校应按照地方已下达的年计划用水指标用水，不得超计划用水。

（3）水计量率。用水单位水计量率应达到100%，次级用水单位水计量率应达到100%。水计量率计算应依据《用水单位水计量器具配备和管理通则》（GB 24789—2009）的计算方法。

（4）节水型器具安装率。节水型器具安装率应不低于95%，且应满足《节水型卫生洁具》（GB/T 31436—2015）的规定，并达到二级及以上水效等级，或有节水产品认证证书，或列入《节能产品政府采购品目清单》，或列入省级以上水行政主管部门发布的节水设备、器具名录。

评价时查阅高校用水设备和器具原始采购，统计节水型设备和器具所占比例，并采取现场随机抽查的方式核实。

（5）管网漏损率。高校管网漏损率应不高于10%。管网漏损率计算应执行《城镇供水管网漏损控制及评定标准》（CJJ 92—2016）的规定，评价时采用查阅资料、实地复核的方式，计算复核用水管网漏损水量（一级表与次级表的水量差）与用水总量（一级表的水量）的比值。

4. 特色创新评价指标及方法

（1）节水管理创新。

1）引入社会资本，采用合同节水管理方式，实施校园整体下水改造或点用水环节节水改造，并取得显著成效。

2）在节水理念或制度建设上有独特创新，并面向社会宣传推广，得到上级主管部门认可。

（2）节水技术创新。

1）发挥高校科研优势开展节水技术、产品的创新和研发。

2）对研发的节水技术产品进行应用及推广，推动高校产学研结合。

（3）特色创新评价方法。

1）对采用合同节水管理方式开展节水改造的高校，通过查阅合同文本，实地核实具体节水设施，考察实施效果并赋分。

2）节水成效的对外宣传推广，可查上级主管部门认可的证明材料以及宣传推广相关材料，经专家评议认定并赋分。

3）通过查阅高校获得的节水技术和产品专利证书，技术资料，鉴定证明材料、获奖证书及应用推广证明等相关材料，认定节水创新指标并赋分。

第五节 节水型居民小区创建

一、节水型居民小区创建要求

节水型居民小区创建是建设节水型社会的一部分，是建设低碳城市和生态城市的重要举措，是有效保护水资源的民生工程。节水型居民小区的创建，其内容主要以生活用水为主，促进小区科学用水、合理用水、文明用水，增强居民的水资源节约与保护意识。通过实现公共区域非节水器具、马桶的淘汰整改，降低用水量，减少污水排放，从而落实最基层、最广泛层面上的节水工作，提高水资源利用率，促进低碳社区的建设，进而提升社区的品质。

1. 管理要求

(1) 小区管理组织机构健全，认真贯彻落实国家节约用水各项方针政策。

(2) 节水管理实行领导负责制，设有专（兼）职节水管理人员。

(3) 有节水用水管理制度，用水情况资料齐全，实行定额用水管理。

(4) 小区内必须设置固定节水宣传专栏，定期开展节水宣传教育等活动。

(5) 有完整的供水管网图，定期进行节水检查和巡回检查，发现问题及时解决。

(6) 小区内产权所属明确，不存在生活用水“包费制”和欠费问题。

2. 技术指标

(1) 安装使用的节水型生活用水器具普及率达100%，器具性能符合《节水型产品技术条件与管理通则》(GB/T 18870—2016)，《节水型生活用水器具规范》(CJ 164—2002) 的相关规定。

(2) 建立计量水表档案，户表配置率达100%，水表检测率达99%以上。

(3) 小区内公共用水设施必须采用节水型器具。小区内公共用水设施健全完好。

(4) 小区内有再生水利用系统，鼓励雨水收集利用，并用于小区杂用水和景观环境用水。

(5) 人均用水量符合《城市居民生活用水量标准》(GB/T 50331—2002) 中3.0.1条的规定。

二、节水型居民小区评价标准

按照节水型居民小区评价标准进行评分。总得分应达到90分以上才能评为节水型居民小区。

三、创建节水型小区的基本步骤

居民小区按照节水型居民小区建设要求和评价标准编写节水居民小区申请报告，县水利局、县经济与信息化局、县机关事务管理局、县住房和城乡建设局按照其评价标准，组织专家对相关材料进行评审，必要时可进行现场考察。申请单位达到节水型小区要求后，公示发布节水型居民小区名单。

(1) 加强节水宣传力度，根据小区特点采用形式多样的宣传活动，在小区范围内形成一种节约用水、从我做起的良好氛围。

（2）组织落实，根据创建要求成立创建节水型小区工作领导小组，根据节水型小区考核办法及评价标准制订实施方案，根据方案要求及步骤落实到各责任人，使创建工作健康有序地向前推进。

（3）在创建过程中，要落实专门创建部门及人员，专门负责创建资料的收集、整理和上报等工作。

（4）建立、健全各项规章制度。包括计划用水、节约用水管理制度，用水情况巡检、检修制度及各种基础台账等。

（5）在小区范围内，全面调查落实各项节水措施，特别是节水器具的使用普及情况，对不符合要求的应予以更换或改造。

（6）主要从资料及现场两个方面，做好迎检工作准备。

第四章

农业节水技术与节水型灌区

第一节　节水灌溉发展思路与技术体系

一、节水灌溉发展总体思路

节水灌溉以提高用水效率和效益为核心，通过采取工程、农艺、生物和管理等综合节水措施，逐步实现改善农业生产条件，提高农业综合生产能力，增加农民收入，改善生态环境等目标。我国发展节水灌溉的重点地区是水资源短缺地区、生态环境脆弱地区、面源污染严重的丰水地区以及缺水城市郊区等。

根据《全国现代灌溉发展规划》，到 2030 年，全国总灌溉面积增加到 11.4 亿亩，节水灌溉面积增加到 8.5 亿亩。大力建设规模化高效节水灌溉工程；稳步推进灌区节水改造；在水土条件适宜地区新建一批节水型灌区等。

二、节水灌溉分区发展方向

1. 东北地区

东北地区主要包括黑龙江省、辽宁省、吉林省的全部及内蒙古自治区东部四盟，是我国重要的玉米、水稻、小麦和大豆生产基地。东北地区春旱严重，持续时间长。灌区实施续建配套和节水技术改造；水资源紧缺的地方压缩水稻种植面积，推广水稻控制灌溉技术；低洼易涝和盐碱地，合理控制洗盐、压碱用水；集中连片种植区积极发展喷灌；草原退化、沙化区建设节水灌溉饲草料基地，实行轮牧、休牧、禁牧等措施；为湿地保护留出足够的生态用水。

2. 黄淮海地区

黄淮海地区主要包括北京市、天津市、河北省、山东省、安徽省全部及山西省、内蒙古自治区、河南省的部分地区，是我国重要的小麦、玉米、棉花等农产品产区。黄淮海地区属严重资源型缺水区，地下水过度超采。灌区实施续建配套和节水改造；在水资源开发利用过度区，严格控制灌区发展规模，推行井渠结合，实行地表水和地下水联合调配；井灌区开发利用微咸水等劣质水，合理控制地下水开采量，有条件的地方利用雨季洪水进行回灌补源；推广渠道防渗和低压管道输水技术，改进地面灌水技术；海河流域逐步调整种植结构，适当减少冬小麦等高耗水作物种植面积。这一区域内大中城市较多，在蔬菜等经济作物种植区应积极推广喷、微灌技术。

3. 黄河中上游地区

黄河中上游地区是指三门峡以上的黄河流域，包括陕西省、甘肃省、宁夏回族自治区全部及山西省、内蒙古自治区、河南省、青海省的部分地区，灌溉水源主要是黄河及其支流。宁夏、内蒙古引黄灌区严格按照分配水量用水，控制灌区规模；合理调整渠系布局，对骨干渠道进行防渗处理；加强土地平整，改进沟、畦灌水技术，推广农田覆盖技术；有条件的地方实行井渠结合，合理控制地下水埋深，防止土壤次生盐渍化和林草植被退化；地下水超采区严格控制深层地下水开采量，通过引蓄雨季洪水回补地下水；草原退化、沙化地区，严格控制草原载畜量，建设节水灌溉饲草料地，实行退牧还草，结合畜牧业措施，保护生态，促进农牧民增收。

4. 内陆地区

内陆地区包括新疆维吾尔自治区全部及甘肃省、内蒙古自治区、青海省的部分地区，降水稀少，蒸发强烈，没有灌溉就没有农业。灌区实施续建配套和节水改造；推广渠道防渗和管道输水技术，平整土地，缩小地块，改进沟、畦灌水技术；生态环境脆弱的塔里木河、黑河、石羊河等流域灌区严格按照分配水量用水，控制灌区规模，在推行节水的同时注意为生态环境保护留出必要的水量；棉花、番茄等经济作物产区，推广膜下滴灌技术。推广集雨补灌、保护性耕作、农田覆盖、生物和化学抗旱等技术。

5. 长江地区

长江地区主要包括上海市、四川省、重庆市、湖北省、湖南省、江西省全部及河南省、陕西省、安徽省、江苏省部分地区，是我国重要的稻谷、油菜籽产区。长江地区降水充沛，河湖分布广泛，水资源较为丰富。灌区围绕现代农业的要求进行续建配套和节水改造；推广渠道衬砌和水稻控制灌溉技术；经济作物种植区因地制宜采用喷灌、微灌技术；丘陵山区兴建小、微型蓄水工程，开发抗旱水源，推广先进实用节水灌溉技术；沿海经济发达地区按照高效用水和现代农业的要求，加快园田化建设步伐。

6. 珠江地区

珠江地区主要包括广东省、福建省全部及广西壮族自治区部分地区，易发生春旱和秋旱，并存在较严重的水污染问题。灌区围绕现代农业的要求进行续建配套和节水改造；推广渠道衬砌和水稻控制灌溉技术。丘陵山区兴建小、微型蓄水工程，增加抗旱水源；经济作物种植区因地制宜推广应用喷灌、微灌等先进实用的节水技术。

7. 西南诸河地区

西南诸河地区主要包括云南省、贵州省全部及广西壮族自治区部分地区，农业抗御自然灾害能力较弱，灌排基础设施建设滞后。灌区实施续建配套和节水改造；推广渠道衬砌和水稻控制灌溉技术；丘陵山区兴建小、微型蓄水工程，增加抗旱水源；经济作物种植区因地制宜推广应用自压喷灌、微灌等技术。

三、节水灌溉技术体系和指标

1. 节水灌溉技术体系

2019年，全国用水总量为6021.2亿m^3，其中，我国农田灌溉水有效利用系数仅为0.559，与发达国家0.7～0.8的水平差距较大，农业节水潜力巨大。节水灌溉技术体系由水资源合理开发利用技术、节水灌溉工程技术、灌溉用水管理技术、农艺节水技术、生物节水技术和政策类节水技术组成。灌溉农业节水技术体系如图4-1所示。

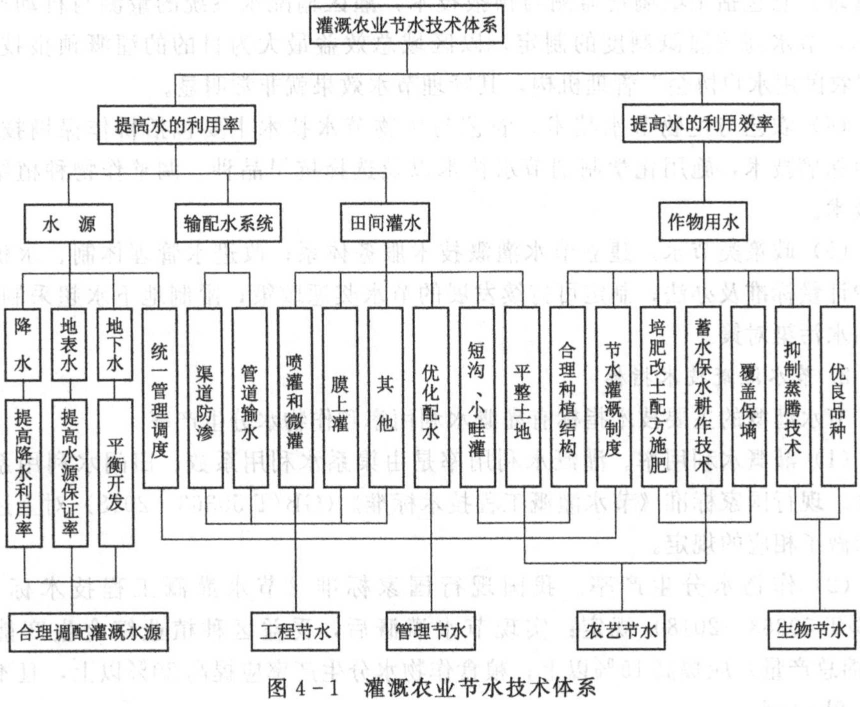

图4-1 灌溉农业节水技术体系

(1) 合理调配灌溉水源技术。水资源优化分配技术包括：地下水、地表水、土壤水联合调度运用技术；雨水汇集利用技术（在干旱缺水的丘陵山区，充分利用降水，选择有产流能力的坡面、路面或修建集流场，汇集雨水，引入窖、池作为抗旱播种保苗用水）；地下水利用技术（开采、补给、打井、旧井改造、提高泵装置效率）；劣质水资源化（生活污水、工业废水、微咸水、灌溉回归水、海水淡化），经过处理达到灌溉水质标准可用于灌溉非直接食用的作物。

(2) 工程节水技术。

1) 输配水过程节水。输配水过程节水是指以提高输水效率为目的而采取的各种减少输水损失的工程技术，主要包括：渠道防渗技术、管道输水技术和改造、配套渠系和泵站建筑物等。

2) 田间灌溉节水。田间灌溉节水技术即采用先进的灌水方式以减少水分在田间的渗漏、蒸发，提高田间水利用率。主要方法有平整土地、改进畦灌与沟灌、膜上灌、间歇灌、田间闸管灌溉、水稻控制灌溉、喷灌、微灌等。

(3) 管理节水技术。节水灌溉管理技术是指根据农作物的需水、耗水规律，通过对灌溉技术及灌溉工程合理使用，达到科学控制，调配水源，以最大限度地满足作物对水分的需求，并减少水量损失，实现区域效益最佳的农田水分调控管理。它包括土壤墒情监测与预报技术，灌区输配水系统的量测与自动监控技术，节水高效灌溉制度的制定，以区域总效益最大为目的的灌溉预报技术。如“农民用水户协会”管理机构，其管理节水效果就非常明显。

(4) 农艺与生物节水技术。农艺与生物节水技术主要包括耕作保墒技术，覆盖保墒技术，施用化学制剂节水技术以及选择抗旱品种、调整作物种植结构等技术。

(5) 政策类节水。建立节水灌溉技术服务体系；改进水管理体制、水价与水费计量标准及办法；制定可持续发展的节水奖惩政策；限制地下水超采制度；防治水污染对策。

2. 节水灌溉技术指标

节水灌溉的主要技术指标有灌溉水利用率和作物水分生产率。

(1) 灌溉水利用率。灌溉水利用率是由渠系水利用系数、田间水利用系数评价。现行国家标准《节水灌溉工程技术标准》(GB/T 50363—2018) 对上述系数均做了相应的规定。

(2) 作物水分生产率。我国现行国家标准《节水灌溉工程技术标准》(GB/T 50363—2018) 规定：实现节水灌溉后，受益区种植业综合生产能力（粮棉总产量）应提高15%以上；粮食作物水分生产率应提高20%以上，且不低于1.2kg/m^3。

第二节 输配水过程节水技术

一、渠道防渗技术

1. 渠道防渗工程设计要求

(1) 防渗渠道断面应通过水力计算确定，地下水位较高且有防冻要求时，可采用宽浅式断面。

(2) 地下水位高于渠底时，应设置排水设施。

(3) 防渗材料及配合比应通过试验选定。

(4) 采用刚性材料防渗时，应设置伸缩缝。

(5) 标准冻深大于10cm的地区，应考虑采用防治冻胀的技术措施。

(6) 渠道防渗率，大型灌区不应低于40%；中型灌区不应低于50%；小型灌区不应低于70%；井灌区如果采用固定渠道输水，应全部防渗。

(7) 大、中型灌区宜优先对骨干渠道进行防渗。

2. 渠道防渗类型及适用范围

渠道防渗按材料分为土料、水泥土、石料、埋铺式膜料、沥青混凝土、混凝土等类型；按防渗特点分为设置防渗层和改变渠床土壤渗漏性质两类。设置防渗层可采用黏土类、灰土类、砌石、混凝土、沥青混凝土和塑膜做防渗层；改变渠床土壤渗漏性质多采用夯实土壤，利用含有黏粒土壤，淤填渠床土壤孔隙，减少渠道渗漏损失等。各种防渗使用的主要原材料、允许最大渗漏量、适用条件见表4-1。

表4-1 不同类型防渗结构的允许最大渗漏量及适用条件表

防渗衬砌结构类别		主要原材料	允许最大渗漏量 / [m^3/ (m^2 · d)]	使用年限 /a	适用条件
土料	黏性土、黏砂混合土	黏质土、砂、石、石灰等	0.07～0.17	5～15	就地取材，施工简便，造价低，但抗冻性、耐久性较差，工程量大，质量不易保证，可用于气候温和地区的中、小型渠道防渗衬砌
	灰土、三合土、四合土			10～25	
水泥土	干硬性水泥土、塑性水泥土	壤土、砂壤土、水泥等	0.06～0.17	8～30	就地取材，施工较简便，造价较低，但抗冻性较差，可用于气候温和地区，附近有壤土或砂壤土的渠道衬砌

续表

防渗衬砌结构类别		主要原材料	允许最大渗漏量 / [m^3/ (m^2 · d)]	使用年限 /a	适用条件
石料	干砌卵石（挂淤）	卵石、块石、料石、石板、水泥、砂等	0.20～0.40	25～40	抗冻、抗冲、抗磨和耐久性好，施工简便，但防渗效果一般不易保证，可用于石料来源丰富、有抗冻、抗冲、耐磨要求的渠道衬砌
	浆砌块石、浆砌卵石、浆砌料石、浆砌石板		0.09～0.25		
埋铺式膜料	土料保护层、刚性保护层	膜料、土料、砂、石、水泥等	0.04～0.08	20～30	防渗效果好，重量轻，运输量小，当采用土料保护层时，造价较低，但占地多，允许流速小，可用于中、小型渠道衬砌；采用刚性保护层时，造价较高，可用于各级渠道衬砌
沥青混凝土	现场浇筑、预制铺砌	沥青、砂、石、矿粉等	0.04～0.14	20～30	防渗效果好，适应地基变形能力较强，造价与混凝土防渗衬砌结构相近，可用于有冻害地区、且沥青料来源有保证的各级渠道衬砌
混凝土	现场浇筑	砂、石、水泥、速凝剂等	0.04～0.14	30～50	防渗效果、抗冲性和耐久性好，可用于各类地区和各种运用条件下的各级渠道衬砌；喷射法施工宜用于岩基、风化岩基以及深挖方或高填方渠道衬砌
	预制铺砌		0.06～0.17	20～30	
	喷射法施工		0.05～0.16	25～35	

3. *防渗渠道断面形式*

防渗明渠的断面形式有梯形、弧形底梯形、弧形坡脚梯形、复合形、U 形、矩形，无压防渗暗渠的断面形式有城门洞形、箱形、正反拱形和圆形。梯形断面由于施工简单、边坡稳定，因此被普遍采用。弧形底梯形、弧形坡脚梯形、U 形渠道等，由于适应冻胀变形的能力强，能在一定程度上减轻冻胀变形的不均匀性，也得到了广泛应用。无压防渗暗渠具有占地少、水流不易污染、避免冻胀破坏等优点，故在土地资源紧缺地区应用较多。

二、管道输水节水技术

管道输水灌溉技术是以管道代替明渠输水灌溉的一种工程形式，借助一定的压力，将灌溉水由管道和分水设施输送到田间沟、畦。管道输水灌溉的特点是出水流量大，不会发生堵塞，输水损失小等。与喷灌、微灌系统比较，其末级管道的出水口处的工作压力常常较低，一般仅为0.002～0.003MPa（相当于20～30cm水头）。

1. 管道输水灌溉工程组成

管道输水灌溉工程由水源及首部枢纽、输水配水管网和田间灌水工程三部分组成（见图4-2）。

（1）水源及首部枢纽。对于大中型提水灌区，首部枢纽需要设置拦污栅、进水闸、分水闸、沉沙池及泵房等配套建筑物，其作用是保证有足够的水量供应，同时保证水质清洁，避免管网堵塞。对于井灌区，首部枢纽应根据用水量和扬程大小，选择适宜的水泵和配套动力机、压力表及水表，并建有管理房。在有自然落差可利用地形的地区，应尽可能地发展自压式管道输水灌溉系统，以节省投资。

（2）输水配水管网系统。输配水管网系统是指管道输水灌溉系统中的各级管道、管件、分水设施，保护装置和其他附属设施及附属建筑物。通常由干管、支管两级管道组成，干管起输水作用，支管起配水作用。若输配水管网控制面积较大时，管网可由干管、分干管、支管和分支管等多级管道组成。附属设备与建筑物包括：给水栓、出水口、退水闸阀、倒虹吸管、有压涵管、放水井等。

（3）田间灌水工程。田间灌水系统是指出水口以下的田间部分，仍属地面灌水，应采取地面节水灌溉技术，达到灌水均匀，减少灌水定额的目的。常用方法有：①采用田间移动软管输水，采用退水管法（或脱袖法）灌水；②采用田间输水垄沟输水，在田间进行畦灌、沟灌等地面灌水方法。

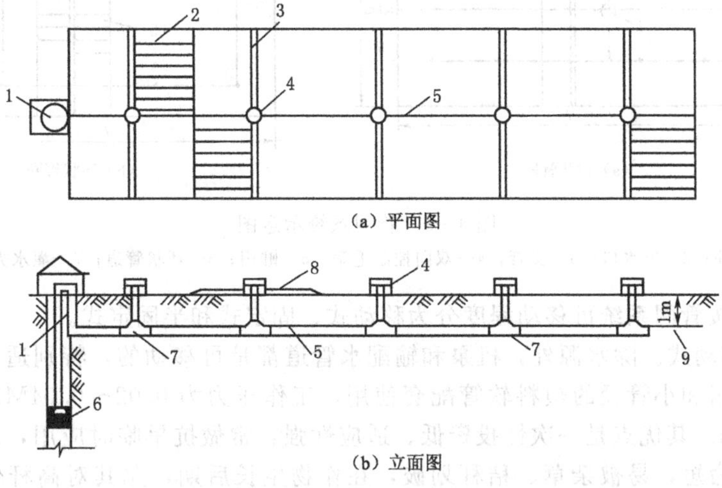

图4-2 管道输水灌溉工程组成

1—水源（井）；2—畦田；3—供水毛沟；4—出水口；5—输水管道；6—水泵；7—三通；8—移动管；9—管道埋深（各地埋深不同）

2. 管道输水灌溉系统的分类

（1）按其压力获取方式分为自压式系统和机压式系统。当水源的水位低于灌区的地面高程，或虽然略高一些但不足以提供灌区管网输水和灌水时所需要的压力时，则需要利用水泵机组进行加压。它又分为水泵直送式和蓄水池式。蓄水池式是指当水源水位不能满足自压输水要求时，要利用水泵加压将水输送到所需要高度的蓄水池中，通过分水口或管道输水至田间。目前，井灌区大部分采用直送式。

在水源位置较高，水源水位高程高于灌区地面高程，可利用地形自然落差所提供的水头作为管道输水和灌水时所需要的工作压力。在丘陵地区的自流灌区多采用这种形式。

（2）按管网形式可分为树状管网和环状管网两种类型。

1）树状管网。管网成树枝状，水流通过“树干”流向“树枝”，即从干管流向支管、分支管，只有分流而无汇流，如图 4-3（a）所示。

2）环状管网。管网通过节点将各管道连接成闭合的环状，形成环状管网如图 4-3（b）所示。环状管网供水的保证率提高，但管材用量大、投资高，国内目前主要采用树状管网。

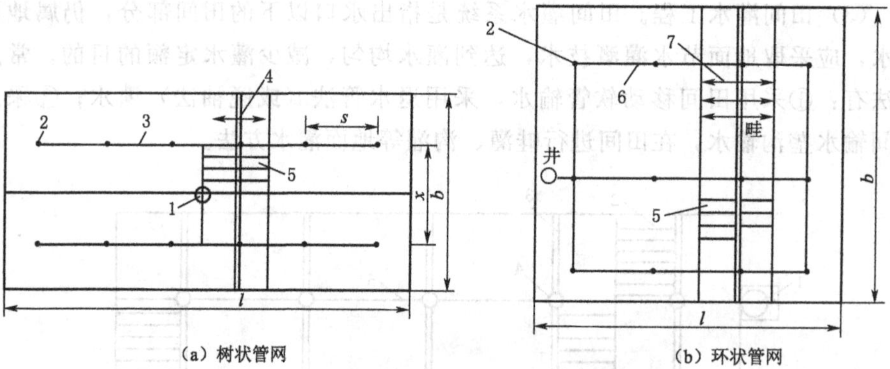

图 4-3 管网系统示意图

1—井；2—出水口；3—支管；4—双向控制毛渠；5—畦田；6—环状管道；7—灌水方向

（3）按管网系统可移动程度分为移动式、固定式和半固定式。

1）移动式。除水源外，机泵和输配水管道都是可移动的，特别适用于小水源、小机组和小管径的塑料软管配套使用，工作压力为 0.02～0.04MPa，长度约为 200m。其优点是一次性投资低、适应性强，常做抗旱临时应用，缺点是软管使用寿命短，易被杂草、秸秆划破，在作物生长后期，尤其对高秆作物灌溉比较困难。

2）固定式。机泵、输配水管道，给配水装置都是固定的，工作压力为 0.04～

0.10MPa。灌溉水从管道系统的出水口直接分水进入田间畦、沟，因而管道密度大、投资高，在有条件地区可采用这种形式。

3）半固定式。机泵固定，干（支）管和给水栓等埋于地下，移动软管输水进入田间沟、畦，固定管道的工作压力为0.005～0.01MPa，能把上述两种形式优点结合在一起，较为常用。

3. 管道输水灌溉系统的管材与管件

（1）管材。管材是低压管道输水灌溉系统的重要组成部分，其投资一般约占工程总投资的60%，直接影响到管道灌溉系统的质量和造价。一般情况下，管径在300mm以上者，宜采用预制水泥管类（如混凝土管、水泥土管），管径在300mm以下者，可用塑料制品管材。

在满足设计要求的前提下综合考虑管材价格、施工费用、工程的使用年限、工程维修费用等经济因素进行管材选择。通常在经济条件较好的地区，固定管道可选择价格相对较高但施工、安装方便及运行可靠、管理简单的硬PVC管；移动管可选择塑料软管。在经济条件较差的地区，可选择价格低廉的管材，如固定管可选素混凝土管，水泥砂管等管材，移动软管可选择塑料软管。在将来可能发展喷灌的地区，应选择承压能力较高的管材，以便今后发展喷灌时使用。

（2）管件。管件用于将管道连接成完整的管路系统。依其功能作用不同，可分为连接件和控制件两类。

1）连接件。连接件主要有同径和异径三通、四通、弯头、堵头及异径渐变管和快速接头等多种。快速接头主要用于地面移动管道上，可以迅速连接管道，节省操作时间，减轻劳动强度。

2）控制件。控制件是用来控制管道系统中的流量和水压的各种装置或构件。在管道系统中最常用的控制件有阀门，进排气阀、给水栓、逆止阀、安全阀、调压装置、带阀门的配水井和放水井等。

第三节 田间灌水节水技术

一、节水型畦灌技术

1. 小畦“三改”灌水技术

小畦“三改”灌水技术，即“长畦改短畦，宽畦改窄畦，大畦改小畦”的灌水方法，其关键是使灌溉水在田间分布均匀，节约灌溉时间，减少灌溉水的流失，从而促进作物生长健壮，增产节水。

小畦灌灌水的技术要素是确定合理的畦长、畦宽和入畦单宽流量。通常，小畦“三改”灌水技术适宜的技术要素为：畦田地面坡度1/1000～1/400，单宽流量为3～5L/（s·m），灌水定额为300～675m^3/hm^2。畦田长度，自流灌区以

30～50m为宜，最长不超过80m；机井和高扬程提水灌区以30m左右为宜。畦田宽度，自流灌区为2～3m，机井提水灌区以1～2m为宜。畦埂高度一般为0.2～0.3m，底宽0.4m左右，田头埂和路边埂可适当加宽培厚。

2. *长畦分段灌灌水技术*

长畦分段灌可将长畦分成若干个没有横向畦埂的短畦，以减少畦埂。长畦分段灌的畦宽可以宽至5～10m，畦长可达200m以上，一般均为100～400m。但其单宽流量并不会增大，这种灌水技术的要求是准确地确定入畦灌水流量、侧向分段开口的间距（即短畦长度）和分段改水时间或改水成数。因此，长畦分段灌灌水技术主要是确定侧向分段开口的间距，具体见表4-2。

表4-2　长畦分段灌灌水技术要素参考表

序号	输水沟或输水软管流量/(L/s)	灌水定额/(m^3/亩)	畦长/m	畦宽/m	单宽流量/[L/(s·m)]	单畦灌水时间/min	长畦面积/亩	分段长度/m×段数
1	15	40	200	3	5.00	40.0	0.9	50×4
				4	3.76	53.3	1.2	40×5
				5	3.00	66.7	1.5	35×6
2	17	40	200	3	5.67	35.0	0.9	65×3
				4	4.25	47.0	1.2	50×4
				5	3.40	58.8	1.5	40×5
3	20	40	200	3	5.00	30.0	0.9	65×3
				4	4.00	40.0	1.2	50×4
				5	3.67	50.0	1.5	40×5
4	23	40	200	3	7.67	26.1	0.9	70×3
				4	5.76	34.8	1.2	65×3
				5	4.60	43.5	1.5	50×4

二、节水型沟灌技术

1. *细流沟灌技术*

细流沟灌是用短管（或虹吸管）或从输水沟上开一小口引水，流量较小，单沟流量为0.1～0.3L/s。灌水沟内水深一般不超过沟深的1/2，一般为1/5～2/5沟深。因此，细流沟灌在灌水过程中，水流在灌水沟内边流动边下渗，直到全部灌溉水量渗入土壤计划湿润层内为止，一般放水停止后在沟内不会形成积水，属于在灌水沟内不存蓄水的封闭沟类型。细流沟灌的形式主要有垄植沟灌、沟植沟灌和混植沟灌。

细流沟灌技术要素主要有入沟流量、沟的规格、放水时间等。入沟流量控制在0.2～0.4L/s最为适宜；大于0.5L/s时沟内将产生严重冲刷，湿润均匀度变差。沟的规格包括沟长、沟宽、沟深和间距。壤土、砂壤土，地面坡度在1/100～1/50时，沟长一般控制在60～120m。灌水沟应在灌水前开挖，以免损伤作物秧苗，沟断面宜小，一般沟底宽12～13cm，上口宽25～30cm，一般深度8～10cm，间距60cm。细流沟灌主要借毛细管力下渗，对于壤土和砂壤土，一般采用十成改水；土壤透水性差的黏性土壤，可以允许在沟尾稍有余水。

2. 沟垄灌灌水技术

沟垄灌灌水技术是在作物播种前，根据其行距要求，先在田块上每隔两行作物做成一个沟垄，在垄上种植两行作物，则垄间就形成灌水沟，留作灌水使用，如图4-4所示。灌水时，主要靠灌水沟内的旁侧土壤毛细管作用渗透湿润作物根系区的土壤。沟垄灌灌水技术，多适用于棉花、马铃薯等作物或宽窄行相间种植的作物，既可以抗旱，又能防渍涝。

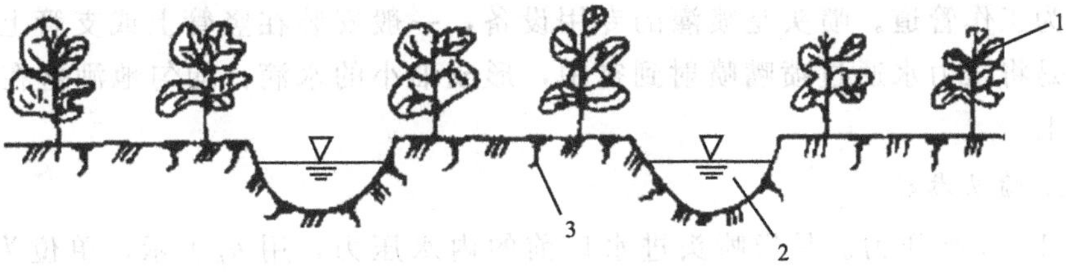

图4-4 沟垄灌示意图

1—作物；2—灌水沟；3—沟垄

3. 沟畦灌灌水技术

沟畦灌类似于宽浅式畦沟结合灌灌水方法，是以三行作物为一个单元，把每三行作物中的中行作物行间部位处的土壤，向两侧的两行作物根部培土，形成土垄，而中行作物只对单株作物根部周围培土，这样行间就形成浅沟，留作灌水时使用，如图4-5所示。

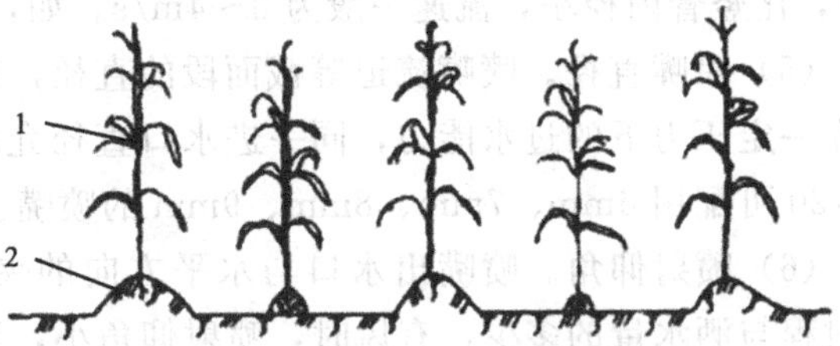

图4-5 沟畦灌示意图

1—作物；2—沟垄

沟畦灌灌水技术大多用

于玉米作物的灌溉。它的主要优点是：培土行间以旁侧入渗方式湿润作物根系区土壤，湿润土壤均匀；可使作物根部土壤保持疏松，通气性好，利于根系下扎生长；结合培土，还可以进行根部施肥操作，同时提高作物抗倒伏能力。

三、喷灌技术

喷灌是利用水泵加压或自然水头将水通过压力管道输送到田间，经喷头喷射到空中，形成细小的水滴，均匀喷洒在农田上，为作物正常生长提供必要水分条件的一种先进灌水技术。喷灌的优点是节约用水；增加作物产量；适应性强；少占耕地；节省劳力。喷灌的缺点是受风的影响大；设备投资高；耗能大。

1. 喷灌系统组成

一般由水源工程、水泵与动力设备、输水管道系统和喷头等部分组成。水源有河流、渠道、湖泊、塘库、井泉等，水质满足喷灌的要求；附属工程有泵站、蓄水池、沉淀池等。输水管道系统的作用是将压力水输送并分配到田间，由干、支两级管道组成和管道连接件及附属配件组成，干管起输配水的作用，支管为工作管道。喷头是喷灌的专用设备，一般安装在竖管上或支管上。其作用是将压力水通过喷嘴喷射到空中，形成细小的水滴，均匀地洒落在土壤表面上。

2. 喷头参数

(1) 工作压力。是指喷头进水口前的内水压力，用 h_p 表示，单位为 kPa 或 m。

(2) 流量。单位时间内喷头喷出的水体积。用 q 表示，单位为 m^3/h、L/s。

(3) 射程。无风的情况下，喷射水流所能达到的最大距离，用 R 表示，单位为 m。

(4) 进水口直径。喷头空心轴或进水口管道的内径，用 D 表示，单位为 mm，比竖管内径小，流速一般为 3～4m/s。如，$PY_1 20$ 喷头，$D=20$mm。

(5) 喷嘴直径。喷嘴流道等截面段的直径，用 d 表示，单位为 mm。反映喷头在一定压力下的过水能力，同一进水口直径允许配用不同直径的喷嘴，例如，$PY_1 20$ 可配用 6mm、7mm、8mm、9mm 的喷嘴。

(6) 喷射仰角。喷嘴出水口与水平方向的夹角，用 α 表示，仰角的大小影响射程与洒水量的多少，有风时，喷射仰角小，当 $\alpha<20°$ 时为低仰角。

3. 喷灌工程布置

喷头布置要根据不同地形情况进行布置，图 4-6～图 4-10 给出了不同地形时的喷头布置形式。

4. 喷灌工程管理

建立必要的规章制度，建立岗位责任制。指定专人保管，专人使用喷灌设备，定期保养和维修。

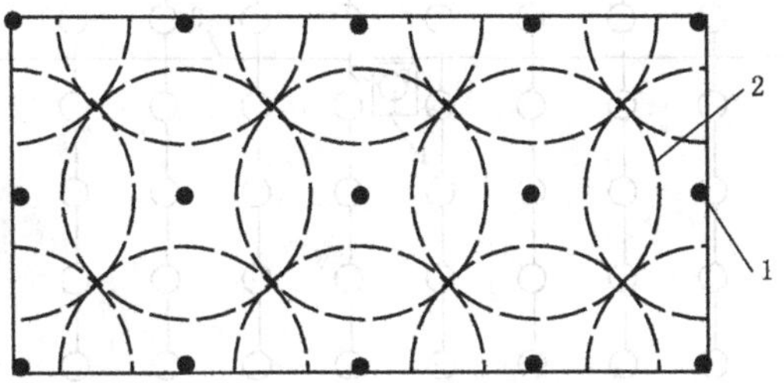

图 4-6 长方形地块喷头布置图

1—喷头位置；2—喷洒范围

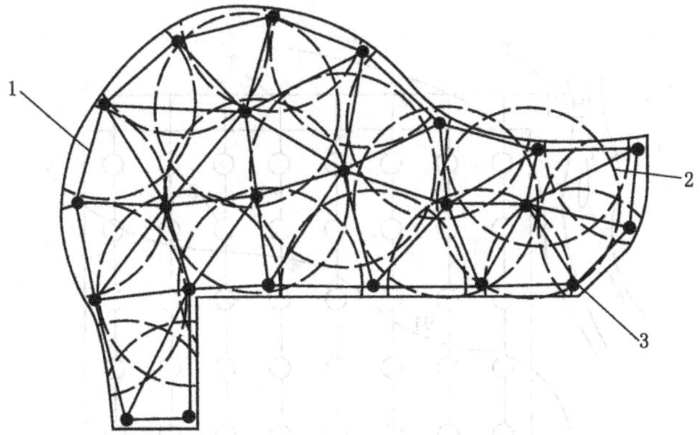

图 4-7 不规则地块的喷头布置图

1—地埋管道；2—喷洒范围；3—喷头位置

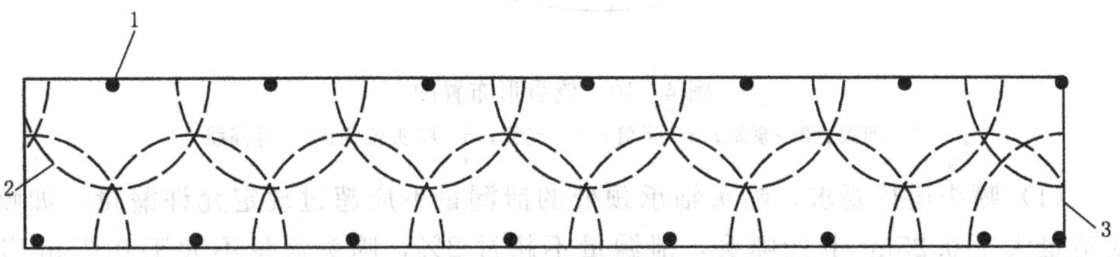

图 4-8 狭长地块喷头布置图

1—喷头位置；2—喷洒范围；3—地埋管道

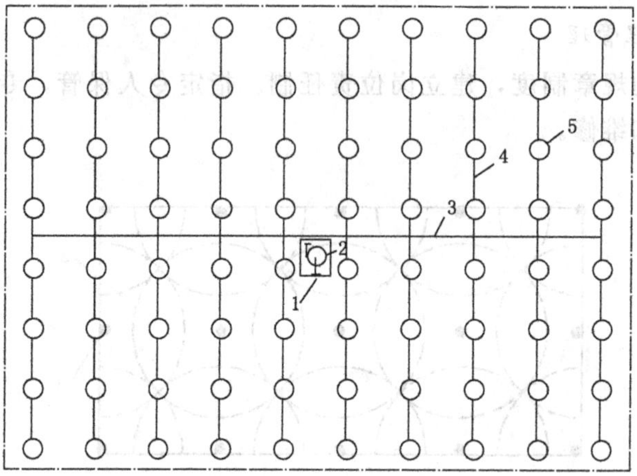

图 4-9 丰字形布置图

1—井；2—泵站；3—干管；4—支管；5—喷头位置

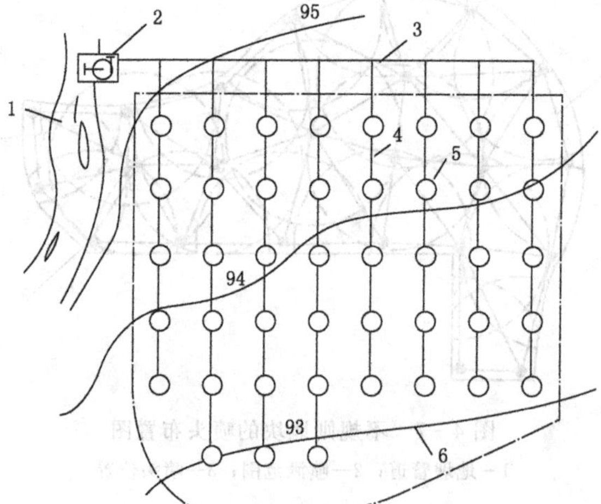

图 4-10 梳齿形布置图

1—河渠；2—泵站；3—干管；4—支管；5—喷头位置；6—等高线

(1) 喷头运行要求。喷头轴承颈处的泄漏量不应超过规定允许漏量，如喷头流量大于 0.25m^3/h 的喷头，泄漏量不超过 2%，喷头流量不大于 0.25m^3/h 时的喷头，其泄漏量不应大于 0.005m^3/h。喷头转动应均匀，喷头流量应稳定，分布应合理，射程应符合规定要求。喷头应耐久，累计有效工作时间不得少于 2000h，带换向器的喷头，换向机构的耐久试验时间不得少于 1000h。

(2) 喷灌系统管理。

1) 灌水季节开始前要对喷灌系统进行一次全面检查，看各部位是否齐全，技术状态是否良好，并进行试运转，逐个校正喷头，如发现损坏或缺少零件，应及时修理或配齐，以便当需要灌水时可以立即喷灌。

2) 在灌水季节，要经常检查喷灌系统和喷灌设备，及时维修和保养。每次喷灌完毕后都要把喷头、机泵擦洗干净，把需要防锈的部位加上适量的机油。

3) 固定式喷灌系统开动时，把每个阀门都关上，先开动机泵达到额定转速，再缓缓打开总阀门和要喷灌支管的阀门，以防止管道振动和水锤现象。

4) 喷灌过程中，应随时观察喷头的工作情况，根据水舌粉碎情况和转动速度判断喷头工作是否正常。喷头如不转，则要及时纠正或立即把支阀门关上，暂时停止喷灌，否则会冲坏作物和土壤。

5) 在多风的地区应经常根据风速风向来改变工作制度和操作方法，以保证灌水均匀度。一般尽量在无风和风小时喷灌，以减小风对喷灌均匀度的影响。

四、微灌技术

微灌是按作物生长发育所需水分和养分，利用专门设备或自然水头加压，再通过低压管道系统末级毛管上的孔口或灌水器，将有压水流变成细小的水流或水滴，直接送到作物根区附近，均匀、适量地施于作物根层所在处土壤的灌水方法。微灌是局部湿润土壤，只湿润主根层所在的耕层土壤，所以又称“局部灌水方法”，灌水量小，灌水周期短，属微量精细灌溉的范畴。工作压力低，节约能源。滴头的工作压力为7～10m，微喷的工作水头为10～15m。微灌包括滴灌、微喷灌、涌灌和渗灌。

微灌主要用于果树、蔬菜、花卉和其他经济作物的灌溉。其优点是省水、节能、省工、增产、适应性强、灌水均匀。其缺点一是灌水器易被堵塞；二是由于微灌属局部灌溉，限制作物根系发展；三是会产生积盐现象。

1. 微灌系统的组成

由水源工程、首部枢纽、输配水管网和微灌灌水器组成。微灌系统的水源工程、首部枢纽、输配水管网与管道输水灌溉工程基本相同，只是微灌工程的首部枢纽增加了水质净化（过滤）装置、施肥装置。

(1) 水质净化（过滤）装置。水质净化（过滤）装置的作用是净化水质，使之达到灌水要求，分为初级水质净化设备和二级净化设备。微灌初级水质净化设备有拦污栅、沉淀池等，一般设在水泵进水池的入口，在水泵出口还可以安装二级过滤器，进一步净化水质，采用的过滤器主要有：旋转式水砂分离器、砂石过滤器、筛网过滤器、组合式过滤器。

(2) 施肥装置。施肥装置是向微灌系统注入可溶性肥料溶液的装置，主要用于大田作物、果树及蔬菜大棚的施肥灌溉。主要有压差式施肥罐、开敞式肥料罐、文丘里注入器、注入泵等类型。

(3) 微灌灌水器。微灌灌水器安装在毛管上或通过小管与毛管连接。主要有滴头、微喷头、涌水器和滴灌带等多种形式，或置于地表，或埋入地下。灌水器根据结构和出流形式的不同，又分为滴水式、漫射式、喷水式和涌泉式。

2. 微灌系统的类型

按灌水器出流方式分类如下。

(1) 滴灌。滴灌是利用塑料管和安装在直径10mm毛管上的滴头或滴灌带等灌水器的出水孔使细小水流或滴状水进入土壤的一种灌水形式。按管道的固定程度，滴灌又可分成固定式、半固式和移动式三种类型。

(2) 微喷灌。微喷灌是利用塑料管道输水，通过细小的喷头（微喷头）将水喷洒在土壤或作物表面进行局部灌溉。当工作水头5～15m，喷嘴直径0.8～2mm，流量小于240L/h时，称为微喷灌。

(3) 渗灌。渗灌即地下灌溉，它是利用地下管道将灌溉水输入埋设地田间地下一定深度的渗水管或鼠洞内，借助土壤毛管作用湿润土壤的灌溉方法。

(4) 涌灌（小管出流）。涌灌是通过安装在毛管上的涌泉器形成的小股水流，以涌泉的方式进入土壤的一种灌水方式。由于此种灌水流量较大（但一般不大于220L/h），有时需要在地面修筑沟埂来控制灌水。此种灌水方式的工作压力很低，不易堵塞，但田间工程量较大，适合地形平坦地区的果树灌溉。

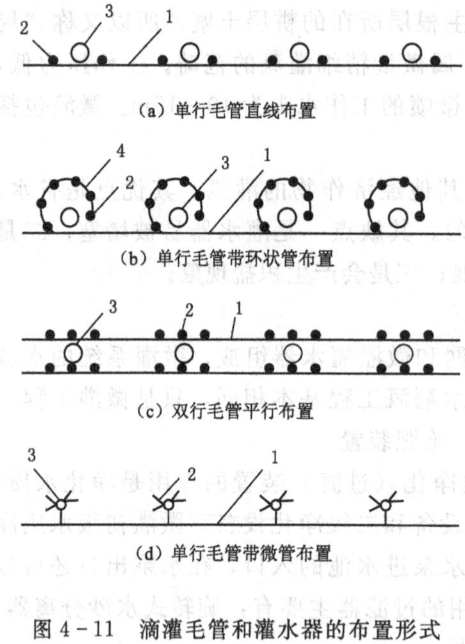

图 4-11 滴灌毛管和灌水器的布置形式

1—毛管；2—灌水器；3—果树；4—绕树环状管

3. 微灌系统毛管和灌水器的布置

(1) 滴灌毛管与灌水器布置。

1) 单行毛管直线布置。图4-11(a) 表示毛管顺作物行布置，一行作物布置一条毛管，滴头安装在毛管上。这种布置方式适用于幼树和窄行密植作物。

2) 单行毛管带环状管布置。图4-11 (b) 表示，当滴灌成龄果树时，通常需要用一根分毛管绕树布置，其上安装4～6个单出水口滴头，环状管与输水毛管相连接。

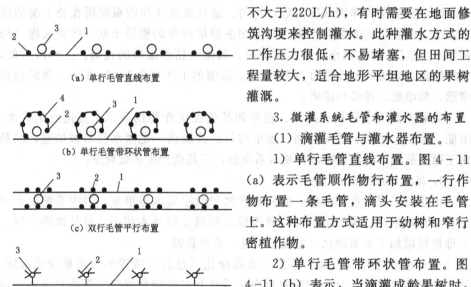

3) 双行毛管平行布置。滴灌高

大作物可用双行毛管平行布置，见图 4-11 (c)，沿作物行两边各布置一条毛管，每株作物两边各安装 2～3 个滴头。

4）单行毛管带微管布置。当使用微管滴灌果树时，每一行树布置一条毛管，再用一段分水管与毛管连接，在分水管上安装 4～6 条微管，见图 4-11 (d)。采用上述各种布置形式时，滴头的位置一般与树干的距离约为树冠半径的 2/3。

（2）微喷灌毛管和灌水器的布置。

微喷头的结构和性能不同，毛管和微喷头的布置也不同。根据微喷头喷洒直径和作物的种类，一条毛管可控制一行作物，也可控制若干行作物。图 4-12 是常见的几种布置形式。

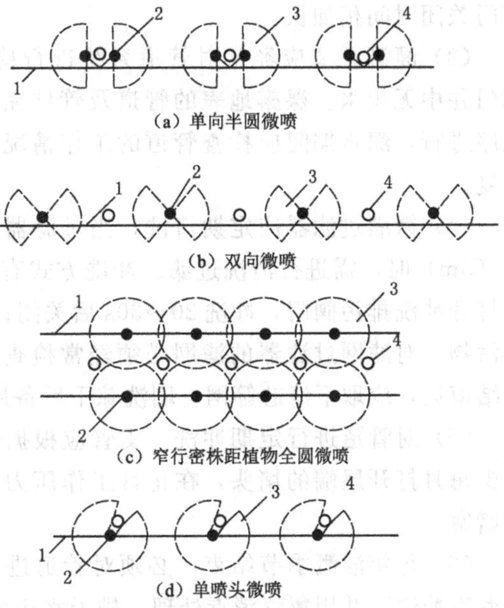

图 4-12 微喷灌毛管与灌水器布置图

1—毛管；2—微喷头；3—土壤湿润；4—果树

4. 微灌工程管理

在微灌工程的运行管理中，必须严格遵守工程运行的各项技术规定，正确使用和维护各类微灌设备。

（1）水源工程使用。水源工程必须保证按灌水计划的要求按时按量供水。泵站进水池水位必须保持在设计最低水位以上，进水池中的杂草和拦污栅上的污物应及时清除。微灌系统运行前，应对泵站、管路和蓄水池等进行全面检查，修复已损坏的管段。

（2）管道系统使用。管道在初次运行时，为了避免污物堵塞灌水器，应打开干管、支管和所有毛管的尾端进行冲洗。为了提高冲洗效果，可以逐条支管依次冲洗。冲洗时间为 15min 左右，冲洗完毕后关闭干管上的排水阀，然后关闭支管排水阀，最后封堵毛管尾端。在日常运行中，为了防止水锤的产生，必须缓慢启闭管道上的闸门阀，并应符合以下要求：在水泵开机前，首先应关闭总阀门，并打开准备灌水管道上的所有排水阀排气。然后，开动水泵向灌水的支管道缓慢充水，充水水流速度不大于 0.5m/s，充水时间一般不得少于 15min，以防引起水锤。当管道充满水后，再缓慢关闭排水阀，闭阀时间需要 5～10min，以防引起水锤。在管道停止运行时，为防止因阀门关闭过快而破坏管道，建议阀门关闭时间稍加长。

(3) 灌溉季节应经常对管道系统进行检查维护，做到控制闸门启闭自如、阀门井中无积水。裸露地表的管道及管件完整无损。灌水作业应按计划的轮灌次序进行，灌水期间应检查管道的工作情况，对损坏或漏水严重的管段要及时修复。

(4) 微灌过滤器应定期清洗，当过滤器上、下游压力表的差值超过一定限度（3m）时，需进行清洗过滤。冲洗方式有自动冲洗和手工清洗，自动冲洗时应打开冲洗排污阀门，冲洗 20～30s 后关闭；手工清洗时，必须刷除滤芯筛网上的污物。对滤网过滤器的滤网必须经常检查，发现损坏应及时修复或更换。灌溉结束后，应取下滤芯筛网，刷洗晾干后备用。

(5) 对管道进行定期冲洗。支管应根据供水质量情况经常冲洗。毛管一般至少每月打开尾端的堵头，在正常工作压力下彻底冲洗一次，以减少灌水装置的堵塞。

(6) 每年灌溉季节结束，必须对管道进行一次全面检查维修。沙石过滤器应彻底冲洗，并用氯气消毒处理，排干水箱中的水，冲洗地埋管道及放空存水。裸露地面金属管道应刷防锈漆。阀门应涂油防锈并关闭和加盖保护。应将地面毛管连同灌水器装置卷成盘状，存放于库房内。

第四节 水肥一体化技术

一、水肥一体化概念

水肥一体化是指将灌溉水与施肥融为一体的农业新技术。水肥一体化是借助压力系统（或地形自然落差），将可溶性固体或液体肥料，按土壤养分含量和作物种类的需肥规律和特点，配兑成的肥液与灌溉水通过可控管道系统供水、供肥，使水肥相融后，通过管道和滴头形成滴灌，均匀、定时、定量浸润作物根系发育生长区域，使主要根系土壤始终保持疏松和适宜的含水量；同时可根据不同作物的需肥特点，土壤环境和养分含量状况，作物不同生长期需水、需肥规律情况进行不同生育期的需求设计，把水分、养分定时定量，按比例直接提供给作物。水肥一体化技术是现代农业精准灌溉施肥的前沿技术，它同步实现了提高灌溉水和肥料的利用效率，增产效果明显。

该项技术适宜于有井、水库、蓄水池等固定水源，且水质好、符合微灌要求，并已建设或有条件建设微灌设施的区域推广应用。主要适用于设施农业栽培、果园栽培和棉花等大田经济作物栽培，以及经济效益较好的其他作物。

二、水肥一体化灌溉系统的组成

水肥一体化灌溉系统由节水灌溉系统和施肥系统组成。

1. 建立一套节水灌溉系统

在设计方面，要根据地形、田块、单元、土壤质地、作物种植方式、水源特点等基本情况，设计管道系统的埋设深度、长度、灌区面积等。水肥一体化的灌水方式可采用管道灌溉、喷灌、微喷灌、泵加压滴灌、重力滴灌、渗灌、小管出流等。

2. 施肥系统

在田间要设计为定量施肥系统，包括蓄水池和混肥池的位置、容量、出口、施肥管道、分配器阀门、水泵肥泵等。

三、水肥一体化技术要点

1. 选择适宜的肥料种类

可选液态或固态肥料，如氨水、尿素、硫铵、硝铵、磷酸一铵、磷酸二铵、氯化钾、硫酸钾、硝酸钾、硝酸钙、硫酸镁等肥料；固态以粉状或小块状为首选，要求水溶性强，含杂质少，一般不用颗粒状复合肥；如果用沼液或腐殖酸液肥，必须经过过滤，以免堵塞管道。

2. 肥料溶解与混合要均匀

施用液态肥料时不需要搅动或混合，一般固态肥料需要与水混合搅拌成液肥，必要时进行分离，避免出现沉淀等问题。

3. 施肥量要控制好

施肥时要掌握好施肥量，注入肥液的适宜浓度大约为灌溉流量的0.1%。例如，灌溉流量为$50m^3$/亩，注入肥液大约为50L/亩；过量施用可能会使作物致死以及环境污染。

4. 施肥程序

施肥程序分三个阶段。第一阶段，选用不含肥的水湿润；第二阶段，施用肥料溶液灌溉；第三阶段，用不含肥的水清洗灌溉系统。

水肥一体化技术是一项先进的节水增效的实用技术，在有条件的农业灌溉地区只要前期投资获得解决，又有技术力量支持，推广应用起来将成为助农增收的一项有效措施。

第五节 节水型灌区建设

一、节水型灌区概念

节水型灌区是指通过对用水和节水的科学预测和规划，水资源配置优化、节约用水技术应用广泛、组织机构健全、产业布局合理、灌排工程配套完善、用水管理科学、生态环境良好、水资源利用高效、综合效益显著，经评价用水效率达到规定标准，并经相关部门或机构认定的灌区。

二、节水型灌区建设要求

节水型灌区建设要求主要有以下几点。

(1) 加大节水宣传力度，增强群众节水意识。在电子屏、微信公众号推送“节水、和谐、生态”为主题的宣传标语，大力宣传节水方针、政策和法规，普及节水知识和文化，倡导节水生产方式，培养用水户惜水、节水的公德意识和自我约束意识，多形式、多层次地组织和鼓励灌区用水户参与节水工作，逐步引导人们把节水灌溉变为自觉行为，推动节水型灌区建设。

(2) 强化计划用水，全面提升供水管理水平。农民用水者协会要充分发挥职能作用，强化调度运行，落实管控标准，逐步形成“专业管理和群众管理相结合”，从“源头”到“地头”统一管理的水资源管理模式。在用水管理中，坚持“总量控制、定额管理”，严格按照核定灌溉面积和确权水量编制年度用水计划和灌季用水计划，实现用水、配水精细化。长期坚持工程养护“划段承包”责任制，各级渠道维修管护及时到位，渠道输水能力不断提高，大大降低输水过程中的跑、冒、滴、漏等浪费现象。

(3) 加强信息化建设力度，提高水量计量的精度。为进一步提高计量精度，对计量设施进行升级改造，建成斗口计量实时在线和干渠雷达水位计实时监测，农田灌溉用水实现了自动观测、自动传输、自动存储以及电脑、手机 App 终端查阅水情功能，全面实现了末级渠系实时准确计量。

(4) 大力推广节水措施，水资源利用效率不断提高。通过推广“大地改小”“激光平地”等节水措施。在推广常规节水的同时，逐步推广发展高新高效技术。充分利用信息化综合系统和现代化灌溉系统设备，有计划地推广管灌、滴灌、微灌等高效节水灌溉技术措施，有条件的灌区建立高效灌溉技术节水试验示范区，为节水型灌区建设奠定了试验数据支撑。通过一系列节水措施，切实提高了水资源利用率。灌区灌溉水有效利用系数较以前均有所提高。

三、节水型灌区评价标准

节水型灌区评价标准参考宁夏回族自治区节水型灌区评价标准，节水型灌区评价项目分为基本要求、技术指标、管理指标和鼓励性指标，总分 110 分。基本要求为一票否决，技术指标 50 分，管理指标 50 分，鼓励性指标 10 分，满足基本要求，总得分不低于 90 分的灌区，可评为节水型灌区。

节水型灌区的基本要求是灌区农业用水不超过水行政主管部门下达的计划

用水总量控制指标。

技术指标有农田灌溉水有效利用系数（12 分）、高效节水灌溉面积占比（12 分）、主要农作物亩均灌溉用水达标率（12 分）、灌溉设施完好率（6 分）、取水计量率（8 分）等 5 项指标；管理指标有节水管理机构（3 分）、制度建设（8 分）、节水资金投入（4 分）、用水管理（10 分）、用水统计（3 分）、水价管理（6 分）、节水宣传（3 分）等 7 项指标；鼓励性指标有新技术推广应用 1 项指标。

第五章

工业节水技术与节水型企业

第一节　工业节水的重要性

一、工业用水需求增长，水资源短缺矛盾更加突出

水是工业的血液，在工矿企业生产中是不可缺少的物质，在电力、化工、造纸、冶金等方面发挥着非常重要的作用。我国 2019 年全年总用水量为 6021.2 亿 m^3，工业用水量为 1217.6 亿 m^3，约占总取水量的 20%。其中高用水行业取水量占工业总取水量的 60%左右。工业高用水行业主要集中在火力发电、钢铁、石油、石化、化工、造纸、纺织、有色金属、食物与发酵等八个行业。随着工业化、城镇化进程的加快，工业用水量还将继续增长，水资源供需矛盾将更加突出。提高高耗水工业用水效率将从根本上提升我国工业用水的效率。

二、工业用水效率较低，水资源浪费严重

“十三五”以来，我国工业用水效率不断提升，但总体水平较发达国家仍有较大差距。2019 年每万元工业增加值用水量为 38.4m^3，是世界先进水平的两倍；万元 GDP 用水量约为 60.8m^3，是掌握数据的 60 个国家平均水平的 1.1 倍，是经济合作与发展组织（OECD）国家平均水平的 2.5 倍。北京市和天津市代表着国内较高用水水平，其万元 GDP 用水量分别为 11.8m^3 和 20.2m^3，优于高收入国家的平均水平，但距先进水平国家如英国、法国、德国、日本等还有一定的差距。

三、工业用水重复率低，节水潜力巨大

我国目前工业用水重复率为 55%，远低于发达国家（75%～85%）。工业废水排放量占全国总量的 40%以上，仍有 8%左右的废水未达标排放，既影响重复利用水平，也在一定程度上污染环境。总体上看，工业节水潜力巨大。因此，

要切实加强工业节水工作，对建设资源节约型、环境友好型社会，增强可持续发展能力具有十分重要的意义。

第二节　工业用水分类

工业用水包括主要生产用水、辅助生产用水和附属生产用水三大部分。

一、主要生产用水

主要生产用水是直接用于企业生产的水，是工业用水的主体。不论是属于哪种性质的工业企业，只要有工业产品的生产就存在生产用水，是工业企业产品在生产过程中的直接用水。如在生产过程中所用的冷却水、洗涤水或作为原料使用的产品用水及生产线内的作业用水都属于生产用水。按用途可以分为工艺用水、冷却用水、热力用水、洗涤用水，其中冷却用水量占到工业用水量的80%。按水的类型分为原水、重复用水、冷却水、除盐水、软化水、蒸汽、废（污）水等。

二、辅助生产用水

辅助生产用水是为主要生产装置服务的辅助生产装置所用的自用水为辅助生产用水，辅助生产系统包括工业水净化单元、软化水处理单元、水汽车间、循环水场、机修、空压站、污水处理场、贮运、鼓风机站、氧气站、电修、检化验等。

三、附属生产用水

附属生产用水是指在厂区内，为生产服务的各种生活用水和杂用水的总称，包括厂部、车间、工段办公室用水、食堂用水、厕所用水、绿化用水等。但基建用水和消防用水不在此列。

第三节　工业节水技术

一、工业节水技术概念

工业节水技术是指可提高工业用水效率和效益、减少水损失、可替代常规水资源的技术。它包括直接节水技术和间接节水技术。直接节水技术是指直接节约用水，减少水资源消耗的技术。间接节水技术是指本身不消耗水资源或者不用水，但能促使降低水资源消耗的技术。技术往往是关联的，大多数节水技术也是节能技术、清洁生产技术、环保技术、循环经济技术。发展节水技术对促进节能、清洁生产、减少污水排放保护水源和发展循环经济有重大的作用。

二、工业节水思路与任务

1. 工业节水思路

以科学发展观为指导，坚持开源节流并重、节约为主的方针，以提高水的利用效率为核心，以水资源紧缺、供需矛盾突出的地区和高用水行业为重点，以企业为主体，加强科技进步和技术创新，加大结构调整和技术改造力度，强化污水综合治理回用、全面提升工业节约用水能力和水平，努力建设节水型工业。

目前，工业和信息化部、水利部、科技部、财政部四部委联合印发《京津冀工业节水行动计划》，明确力争到2022年，京津冀重点高耗水行业（钢铁、石化化工、食品、医药）用水效率达到国际先进水平。万元工业增加值用水量（新水取用量，不包括企业内部的重复利用水量）下降至10.3m^3以下，规模以上工业用水重复利用率达到93%以上，年节水1.9亿m^3。

2. 工业节水主要任务

（1）以水定产，严格控制高耗水行业新增产能。

（2）技术先行，促进节水技术推广应用与创新集成。

（3）技术改造，加强企业、工业园区等开展水效提升项目。

（4）强化用水管理，加强用水统计监测及智慧用水管理系统。

（5）推进非常规水源利用，鼓励利用海水、雨水、矿井水及再生水。

三、工业节水主要途径

工业节水一般分为技术类和管理类两类。其中技术类包括：一是建立和完善循环用水系统，其目的是提高工业用水重复率。用水重复率越高，取用水量和耗水量也越少，工业污水产生量也会相应降低，从而大大减轻水环境的污染，减缓水资源供需紧张的压力。二是改革生产工艺和用水工艺，其中主要技术包括采用省水新工艺；采用无污染或少污染技术；推广清洁生产技术、环保技术、循环经济技术等。管理类主要有快速堵漏修复、定额供水、计量管理、提高水费、非常规水资源利用、以水定项目、水平衡测试等。工业节水途径主要有以下几个方面。

1. 提高工业用水重复利用率

提高工业用水重复利用率的主要措施有：发展循环用水系统、串联用水系统和回用水系统；鼓励在新建、扩建和改建项目中采用水网络集成技术；推广蒸汽冷凝水回收再利用技术；发展外排废水回用和“零排放”技术；在缺水以及生态环境要求高的地区，鼓励企业应用废水“零排放”技术等。

2. 提高冷却水的循环利用率

在工业生产过程中，70%～80%的用水都是冷却水，冷却水中的70%～80%是间接冷却水，间接冷却水作为热量的载体，被不同冷却物料直接接触，使用后一般水温升高，较少受到污染，不需要复杂的净化处理，经过冷却降温后可重复使用。目前，国内工业冷却水循环利用率为40%～50%，与国外先进水平（70%～80%）相差较远。因此，实行间接冷却水的循环利用、提高冷却水的循环利用率将是工业节水的重点。

3. 节约热力和工艺系统用水

工业热力和工艺系统用水分为锅炉给水、蒸汽、热水、纯水、软化水、脱盐水、去离子水等，其用水量居工业用水量的第二位，仅次于冷却用水。主要措施有：推广生产工艺（装置内、装置间、工序内、工序间）的热联合技术；推广中压产汽设备的给水使用除盐水、低压产汽设备的给水使用软化水；发展干式蒸馏、干式汽提、无蒸汽除氧等少用或不用蒸汽的技术；优化锅炉给水、工艺用水的制备工艺；鼓励采用逆流再生、双层床、清洗水回收等技术降低自用水量等。

4. 提高洗涤工艺的洗涤效率

在工业生产过程中洗涤用水分为产品洗涤、装备清洗和环境洗涤用水。节约洗涤用水的途径很多，在一般情况下，主要是加强洗涤水的循环利用与回用，最简捷有效的途径就是提高洗涤工艺的洗涤效率，主要有逆流洗涤、高压水洗、新型号喷嘴水洗法、喷淋洗涤法、气雾喷洗法等方法。

目前主要推广逆流漂洗、喷淋洗涤、汽水冲洗、气雾喷洗、高压水洗、振荡水洗、高效转盘等节水技术和设备。

5. 提升工业给水和废水处理节水技术

提升工业给水和废水处理节水技术的主要措施有：推广使用新型滤料高精度过滤技术、汽水反冲洗技术等降低反洗用水量技术；推广回收利用反洗排水和沉淀池排泥水的技术；鼓励在废水处理中应用臭氧、紫外线等无二次污染消毒技术；开发和推广超临界水处理、光化学处理、新型生物法、活性炭吸附法、膜法等技术在工业废水处理中的应用等技术。

6. 加强非常规水资源利用技术

加强非常规水资源利用技术的主要措施有：在沿海地区工业企业推广海水直流冷却和海水循环冷却技术；发展海水和苦咸水淡化处理技术；发展采煤、采油、采矿等矿井水的资源化利用技术；推广矿井水作为矿区工业用水和生活用水、农田用水等替代水源应用技术。

7. 发展工业输用水管网、设备防漏和快速堵漏修复技术

发展工业输用水管网、设备防漏和快速堵漏修复技术的主要措施有：发展新型输用水管材；限制并淘汰传统的铸铁管和镀锌管，加速发展机械强度高、刚性好、安装方便的水管、发展不泄漏、便于操作和监控、寿命长的阀门和管件；发展便捷、实用的工业水管网和设备（器具）的检漏设备、仪器和技术；研究开发管网和设备（器具）的快速堵漏修复技术等。

8. 提高工业用水计量管理技术

工业用水的计量、控制是用水统计、管理和节水技术进步的基础工作。主要措施有：在重点用水系统和设备上配置计量水表和控制仪表，明确水计量和监控仪表的设计安装及精度要求，完善计算机和自动监控系统；鼓励企业建立用水和节水计算机管理系统和数据库；鼓励开发生产新型工业水量计量仪表、限量水表和限时控制、水压控制、水位控制、水位传感控制等控制仪表。

9. 推行重点节水工艺

节水工艺是指通过改变生产原料、工艺和设备或用水方式，实现少用水或不用水。它是更高层次（节水、节能、提高产品质量等）的源头节水技术。

第四节　企业水平衡测试技术

企业通过水平衡测试，可以确定各用水单元的用水参数，并根据其平衡关系分析企业用水的合理程度；可以找出溢漏水量，查堵给水管网漏水点；可以摸清企业的用水现状，掌握企业中各部门用水量的大小，评价企业用水合理化水平，找出节水潜力，制定用水和节水规划。

一、水平衡测试有关概念与目的

1. 水平衡的概念

水平衡是对水量平衡而言，是研究用水系统在用水过程中的输入水量（取水量）与输出水量（消耗水量、漏失水量、排放水量）之间的平衡关系。从取水、用水、消耗、排放等方面进行的水量平衡。即指在一个确定的用水单元内，输入水量和输出水量之间应遵守物质守恒定律和能量守恒定律，即输入水量之和等于输出水量之和。

2. 企业水平衡测试概念

企业水平衡测试是以企业为测试对象，对用水体系各水量进行收支平衡的测量过程，包括对水量、水质、水温等因素的测试过程。

3. 水平衡分析概念

（1）水量平衡分析着重对用水指标和企业用水合理性上进行分析，无效用

水是否超限。

(2) 水质水温分析直接表现在发现（或判断）水流程是否合理，可以提高水的重复利用率，有时水流程的改变还可大幅提高水的再利用价值，从而达到节水的目的。

4. 水平衡测试的目的

(1) 掌握工业用水现状，以实测数据为基础，确定企业用水水量之间的定量关系。

(2) 进行企业用水合理化水平分析，挖掘节水潜力，制定合理的技术、管理措施和用水规划。

(3) 建立工业用水档案，健全工业用水计量仪表，提高工业用水管理人员业务素质。

(4) 为制定工业不同产品用水定额积累基础数据。

二、工业用水量参数

1. 工业用水量分类

按工业用途分类，将企业生产过程的总用水量分为主要生产用水、辅助生产用水和附属生产用水，如图 5-1 所示。

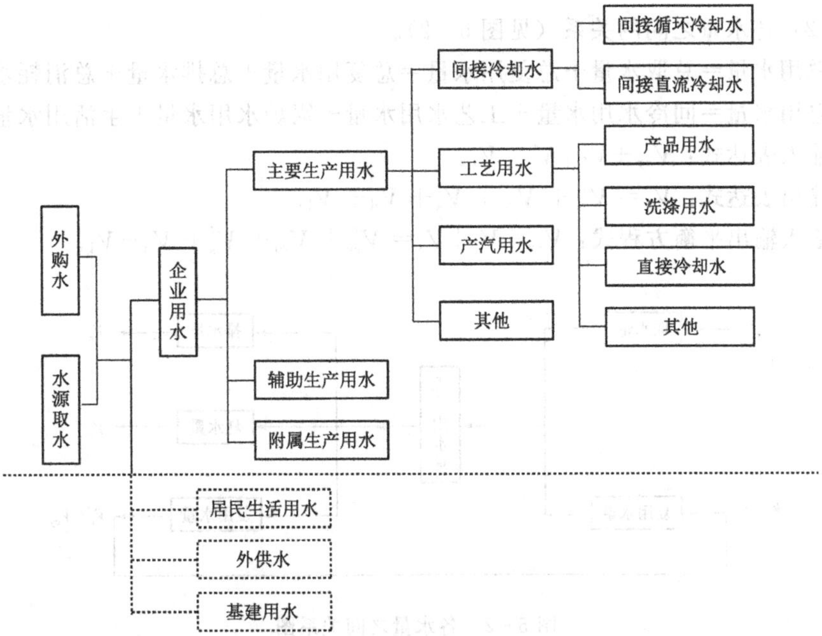

图 5-1　工业用水分类图

2. 工业用水量参数及各水量间的关系

(1) 工业用水量参数。工业用水量参数是指水平衡测试中实际测试的各类水量值，包括总用水量、新水量、耗水量、漏溢水量、排水量、循环用水量、串联用水量、重复用水量。

1) 总用水量（V_t）：新水量与重复利用水量之和，重复用水量应符合国家标准。

2) 新水量（V_f）：取自任何水源的水，被第一次利用的水量。

3) 耗水量（V_{co}）：在确定的系统内，生产过程中进入产品、蒸发、飞溅、携带及生活饮用等所消耗的水量。

4) 漏溢水量（V_l）：在确定的系统内，设备、管网、阀门、水箱、水池等用水与储水设施漏失或溢出的水量。

5) 排水量（V_d）：在确定的系统内，排出系统外的水量。

6) 循环用水量（V_{cy}）：在确定的系统内，生产过程中已用过的水，无需处理或经过处理再用于系统代替新水的水量。

7) 串联用水量（V_s）：在确定的系统内，生产过程中的排水不经处理或处理后，被另一个系统利用的水量。

8) 重复利用水量（V_r）：在确定的系统内，循环利用水量与串联用水量之和。

(2) 各水量之间的关系（见图 5-2）。

总用水量＝总取水量＋总复用水量＝总复用水量＋总排水量＋总消耗水量。

总用水量＝间冷水用水量＋工艺水用水量＋锅炉水用水量＋生活用水量。

输入表达式：$V_{cy}+V_f+V_s=V_t$。

输出表达式：$V_t=V'_{cy}+V_{co}+V'_s+V_d+V_l$。

输入输出平衡方程式：$V_{cy}+V_f+V_s=V'_{cy}+V_{co}+V'_s+V_d+V_l$。

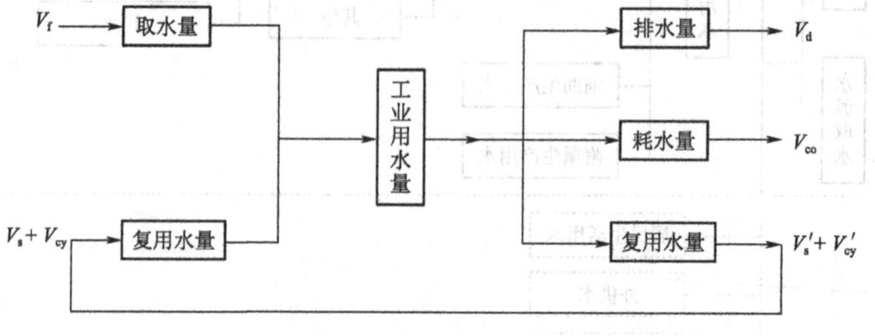

图 5-2 各水量之间关系图

(3) 水量测定方法。一般采用仪表计量法、堰测法和容积法。

三、工业水平衡测试依据与原则

1. 水平衡测试依据

(1)《工业用水分类及定义》(CJ 40—1999)。

(2)《企业水平衡测试通则》(GB/T 12452—2008)。

(3)《工业企业水量平衡测试方法》(CJ 41—1999)。

(4)《评价企业合理用水技术通则》(GB/T 7119—1993)。

(5)《取水许可技术考核与管理通则》(GB/T 17367—1998)。

(6)《节水型企业评价导则》(GB/T 7119—2018)。

(7)《工业企业产品取水定额编制通则》(GB/T 18820—2011)。

(8)《工业用水节水　术语》(GB/T 21534—2008)。

(9)《用水单位水计量器具配备和管理通则》(GB/T 24789—2009)。

(10)《工业用水考核指标及计算方法》(CJ 42—1999)。

(11)《生活饮用水卫生标准》(GB 5749—2006)。

(12)《污水综合排放标准》(GB 8978—1996)。

2. 工业水平衡测试原则

(1) 工业水平衡测试应在当地节水行政主管部门的监督下定期进行，以此作为评价工业合理用水的考核依据之一。

(2) 工业水平衡测试必须依据有关国家标准《企业水平衡测试通则》(GB/ T 12452—2016) 进行。

(3) 测试中所使用的各类计量仪表，在安装前须经有关部门进行校验，保证所测数据的准确性 (精度不低于±0.25%)。

(4) 计量仪表配置要保证厂、车间、用水设备三级水表计量率、装表率、完好率。《评价企业合理用水技术通则》(GB/ T 7119—1993) 规定：企业、车间用水计量率应达到 100%，设备用水计量率不低于 90%。

(5) 水量测试时应在有代表性或正常工作情况下进行，保证被测数据准确真实反映用水状况。

(6) 测试过程中，所得数据全部记录于水平衡测试表中，不允许漏项，待测试结束后进行整理汇总。

3. 企业用水技术档案

(1) 用水节水的相关规章制度。

(2) 各种水源 (自来水、地下水、地表水及其他水源) 的水量、水质和水温参数。

(3) 供水、排水管网图。

(4) 水表配备系统图。

（5）供水、用水、排水日常记录台账及相关汇总表格。

（6）近年用水节水技术改造情况。

（7）近年的水平衡测试文件。

四、水平衡测试的程序与内容

1. 水平衡测试的程序

（1）成立负责水平衡测试的专门机构，主要对测试过程所涉及的生产、技术、管理等方面进行协调，确保水平衡测试工作的顺利开展。

（2）对水平衡测试的相关人员进行技术培训，使其掌握水平衡测试的意义、原则及相关标准、规范和方法。

（3）确定水平衡测试的内容。

（4）划分用水单位，明确测点，确定水平衡测试周期、时段及方法，制定测定方案。

（5）选定测试仪表并安装检测。

（6）检测漏溢水量，找出有泄漏的给水管段、供水设备，并采取相应措施解决泄漏问题，原则上检测延续时间不少于2h。

（7）进行实测，按用水单元自下而上测出其水量参数，并按要求测定水质参数和水温参数。根据实测数据绘出相应的水平衡图，以测试单元为基础，分析整理实测数据，绘制工业水平衡图，将实测数据汇总。

（8）进行合理化用水分析。

（9）制定合理化用水规划，提出整改意见。

（10）编制水平衡测试报告。

2. 水平衡测试的内容

（1）调查统计。调查统计是将企业的供排水管网情况摸清楚，查看企业是否具备开展水平衡测试的条件。与企业主管人员召开座谈会，熟悉企业情况；调查企业基础数据；企业历年用水基本情况；用水管理体制和用水管理制度；企业的供水管网图；企业的排水管网图；水源地分布图；用水工艺流程图；用水计量配置图等。现场调查。摸清全厂供水水源地的情况（地下水、自来水、河水、水库引水等）。

（2）配备水量计量登记表。用水量在$10m^3/d$的用水单元均应安装水表，所安水表精度、计量率、装表率、完好率等应符合有关要求，并参考《评价企业合理用水技术通则》（GB/T 7119—1993）中的有关规定。

（3）用水设备用水量的测定。

1）一般用水设备。在正常运行工况条件下，连续测定3次，取其平均值。

2）间歇性用水设备。其日用水量＝单位时间用水量×实际用水时间。

3）季节性用水设备。需要在用水季节进行测定。

(4) 测试内容。

1）直流式用水系统及主要用水设备的测试。要注意取水来源，如果从回收水库中取水时，取得的水是复用水量。如果是从混合水库中取水，取得的是混合水，新水和复用水要按其比例分开。只有从新水库取水，取得的水量才是取水量，只有这种情况才是真正意义的直流式用水。

2）循序用水系统的测试。循序用水系统是指在确定的生产系统中将使用过的水直接或适当处理后重新用于同一生产系统的同一生产过程的用水方式。循环水量是指在循环用水系统中循环使用的总水量，包括串联式用水和梯级用水。在循序用水中，要注意中间环节中另外加入的水量和期间的排水量。

3）热力系统的测试。测试对象包括锅炉用水、换热站用水和水处理用水系统等。另外，锅炉排水中包括锅炉排污，水处理排放的浓盐水等。

4）循环系统的测试（包括水温、水质的测试）。循环冷却水系统是指以水作为冷却介质并循环使用的一种冷却运行系统，由换热设备（如换热器、冷凝器）、冷却设备（如冷却塔、空气冷却器等）、水泵、管道和其他有关设备组成。循环冷却水系统分为密闭式循环冷却水系统和敞开式循环冷却水系统。

五、水平衡测试方案的制订

1. 用水单元划分和测点选择

(1) 用水单元划分。一个单元可以是一台用水设备、单个车间、一个用水系统或一个企业。一个用水单元的用水情况可通过绘制水平衡图简便、准确、形象地表示出来。

(2) 测点选择。在用水单元水平衡图上所示的各用水量的基础上进行测点的选择，然后在该点上安装配置计量仪表进行测试，最后填写测点一览表。

2. 选择水平衡测试周期与时段

水平衡测试周期与时段主要取决于生产条件及其他条件。水平衡测试周期与时段的选择见表 5－1。

表 5－1　水平衡测试周期与时段的选择

序号	生产类型	含 义	测试周期	测试时段
1	连续均衡型	在生产过程中，生产线上的物流基本是均匀稳定的，在前后工序之间也是一致的，如火力发电、石油化工等	(1) 无生产或非生产因素影响，测试周期较短； (2) 受某些生产或非生产因素影响，测试周期较长	取正常生产条件下具有代表性的时段（每个测量时段测定次数不少于 3 次）

续表

序号	生产类型	含　义	测试周期	测试时段
2	连续批量型	在生产过程中，生产线上的物流与批量投料有关，是不均匀稳定的，前后也是不一致的，但生产是连续的，如金属冶炼厂等	测试周期可选一个生产年度	选择测试时段的原则要求：①能反映正常生产条件下的实际用水量；②要便于测定计算
3	非连续批量型	该生产类型的物流与连续批量型类似，但生产是间断进行的，如小型轻工企业等	测试周期可选择一个批量生产周期	选择测试时段的原则要求：①能反映正常生产条件下的实际用水量；②要便于测定计算

注　水平衡测试周期是指为建立一个完整的、具有代表性的水量平衡图而划定的时间范围，一般与工业生产周期相协调，水平衡测试时段是测定用水系统的一组或数组有效水量值所需的时间，一般水平衡测试周期包含若干具有代表性的水平衡测试时段。

3. 选择水平衡测试的方式

水平衡测试的方式有一次平衡测试、逐级平衡测试和综合平衡测试三种。

（1）一次平衡测试，是对企业所有用水系统的水量测定工作在“瞬时”同步进行，并获得水量平衡的一种测试方式。一次平衡测试适用于用水系统比较简单，用水过程比较稳定的情况。这种测试方式容易取得水量间的平衡，测试时间短，便于组织开展工作，并可较快地取得成果。但对测试人员素质测试准备和组织工作要求较高，瞬时同步难以达到。

（2）逐级平衡测试，是根据企业水平衡测试系统的划分，自下而上，从局部到总体逐级进行水平衡测试的一种方式，实际上是“化整为零”“积零为整”的一次平衡测试过程。这种测试方式适用于可逐层分解的用水系统且易于选取具有代表性测试时段的工业，易于取得逐级水量平衡成果，但测试周期较长。

（3）综合平衡测试，是指在较长的水平衡测试周期内，在正常生产条件下，每隔一定时间，分别进行水量测定，然后综合历次测试数据，以取得水量总体平衡的一种方式。这种测试方式适用于连续批量型或非连续批量型生产情况，可在日常管理中进行，可充分利用日常统计数据，也可简化测试组织，所测数据稳定可靠，但测试周期较长，测定数据较多，统计分析较为复杂。

4. 制订水平衡测试方案

（1）调查用水情况，绘制用水单元水平衡图。

（2）确定测点，选择测试方法。

（3）确定测试周期和时段。

（4）固定测试人员。

（5）汇总各项测试数据。

六、工业水平衡分析

水平衡是指在水量、水温、水质各方面的平衡。水平衡不仅要求数量上的平衡（即输入量=输出量），而且要求它们能够满足生产的需要，解决生产中的问题，不留后遗症，达到水量、水质或水温的平衡。在测试数据汇总的基础上进行平衡，要先单元、系统，后生产线、企业，分层进行。

1. 水量平衡分析

总用水量的平衡可根据“取水量 + 复用水量 = 用水量”进行平衡推算，得出企业总用水量。总用水量的平衡是非常重要的一个平衡，在企业用水平衡中每一项不平衡都会影响到它的平衡，只有各项平衡都准确无误时，才能保证总用水量的真实平衡。

(1) 现状用水量 = 实用水量，达到平衡。这说明现状用水量和实用水量相等，这时企业的用水已经达到很高的水平，完全实现了合理用水，节水水平已经实现了阶段性的最佳状况。

(2) 现状用水量>实用水量，不平衡。这反映出一般状况下企业还达不到合理用水，甚至离合理用水仍有很大的距离，用水管理水平也不高，还有很长的节水道路要走，而且要达到合理用水水平，任务还很艰巨。

2. 水温平衡分析

水温平衡其实就是热量的平衡，水温达到了生产工艺上要求的温度时即为平衡。但是实际上不易达到生产工艺上要求的温度，实难平衡。由于水温平衡难以实现，又由于水温会影响到水量，也可以体现为水量上的平衡，可用“新水当量系数”来解决。用若干立方米的冷却循环水和 $1m^3$ 新水等价的办法解决，而达到水温上的平衡。

热量平衡：热负荷=传热量=散热量。

(1) 散热量。散热量有热流体带走的热量 Q_1，冷却水带走的热量（冷却器散发的热量）Q_2，热流体的余热 $Q_1-Q_2=Q_3$。

(2) 热量平衡。$Q_3=V_tC\Delta t$（V_t是经测试得到的水量，C 是水的比热）。

(3) 热量平衡的延伸。热量平衡延伸到新水量的载热散热上，就是将循环复用水的载热向新水看齐，即用新鲜水当量作为桥梁，使循环复用水量转化到新鲜水量上而达到平衡。

3. 水质平衡分析

水质平衡是指输入水量的水质和输出水量的水质平衡（或者相同），即用水没有污染。在生产中要保持清洁用水，排出的水量不能有污染，但是很难做到没有污染，所以要进行废污水的治理，使水质恢复到用水之前，使废水全部回收复用，从而做到零排放，这就实现了水质平衡。

水质平衡，目前不易做到。对于不同用水要求只能做到不同预处理，使用后再作一定的处理。但处理后的水质和原来水质相比，差距很大，保证不了水质平衡，会造成一定的污染和水量的浪费。如果处理后的水质很难达到普遍要求的水质，可它却能达到某方面的要求，如达到《城镇污水处理厂污染物排放标准》中的一级A标准，我们就可认为水质达到了平衡。

七、合理化用水分析

合理化用水分析是在企业水平衡测试基础上，以主体企业测试时的用水现状与标准化企业（即客体企业）用水进行比较分析，主要从实用水量合理性、结构适当性、技术进步性、管理先进性等四方面分析。分析时应以用水合理化分析（评价）表（见表5－2）为依据，精心分析，步步深入，深挖细研，寻找到问题的根源。

1. 分析依据表

表5－2　用水合理化分析（评价）表

<table>
<tr><th colspan="3">水量/(m^3/d)</th><th>序号</th><th>所占比例/%</th><th>主体企业分析比较水量/(m^3/d)</th><th>客体企业标准用水量/(m^3/d)</th></tr>
<tr><td colspan="3">总实用水量</td><td>1</td><td>100</td><td></td><td></td></tr>
<tr><td colspan="3">总取水量</td><td>2</td><td></td><td></td><td></td></tr>
<tr><td colspan="3">总复用水量</td><td>3</td><td></td><td></td><td></td></tr>
<tr><td colspan="3">总消耗水量</td><td>4</td><td></td><td></td><td></td></tr>
<tr><td colspan="3">总排放水量</td><td>5</td><td></td><td></td><td></td></tr>
<tr><td rowspan="12">冷却用水量</td><td colspan="2">用水量</td><td>6</td><td></td><td></td><td></td></tr>
<tr><td rowspan="4">取水量</td><td>取水量</td><td>7</td><td></td><td></td><td></td></tr>
<tr><td>消耗水量</td><td>8</td><td></td><td></td><td></td></tr>
<tr><td>渗漏水量</td><td>9</td><td></td><td></td><td></td></tr>
<tr><td>排放水量</td><td>10</td><td></td><td></td><td></td></tr>
<tr><td rowspan="4">复用水量（功能复用水量）</td><td>总复用水量（功能复用水量）</td><td>11</td><td></td><td></td><td></td></tr>
<tr><td>循环复用水量（功能复用水量）</td><td>12</td><td></td><td></td><td></td></tr>
<tr><td>循序复用水量（功能复用水量）</td><td>13</td><td></td><td></td><td></td></tr>
<tr><td>再生复用水量</td><td>14</td><td></td><td></td><td></td></tr>
<tr><td rowspan="3">自然复用水量</td><td>总复用水量</td><td>a</td><td></td><td></td><td></td></tr>
<tr><td>循环复用水量</td><td>b</td><td></td><td></td><td></td></tr>
<tr><td>循序复用水量</td><td>c</td><td></td><td></td><td></td></tr>
</table>

续表

水量/(m^3/d)			序号	所占比例/%	主体企业分析比较水量/(m^3/d)	客体企业标准用水量/(m^3/d)
工艺用水量	用水量		15			
	取水量	取水量	16			
		消耗水量	17			
		渗漏水量	18			
		排放水量	19			
	复用水量	总复用水量	20			
		循环复用水量	21			
		循序复用水量	22			
		再生复用水量	23			
热力用水	用水量		24			
	热力工艺用水量	输入水量（取水量）	25			
		锅炉给水量换热补水量	26			
		处理损失量	27			
		供热损失量	28			
		排污损失量	29			
		回水损失量	30			
		合计损失量	31			
		蒸发量	32			
		回收水量	33			
		回用水量	34			
生活用水量	用水量		35			
	日常用水	茶炉用水量	36			
		浴室用水量	37			
		食堂用水量	38			
	环境用水	绿化用水量	39			
		其他用水量	40			
	合计取水量		41			

续表

水量/(m³/d)		序号	所占比例/%	主体企业分析比较水量/(m³/d)	客体企业标准用水量/(m³/d)
水处理系统	总排水量	42			
	总处理废水量	43			
	处理损失量	44			
	再生回用水量	45			
总供水量		46			
总漏渗水量（一次水漏渗）		47			
总取水量		48			

注 1. 总实用水量是指企业经过压缩型探索式测试后的总用水量，是不含或少含随意用水量的纯实用水量。

2. 主体企业是指分析、评价的对象；客体企业是指用水标准的企业，可作为各种用水的标准。

3. 再生复用水是指再生水复用量。

4. 总实用水量＝总取水量＋总复用水量（冷却用水）＋总复用水量（工艺用水）＋排污损失量。

5. 各用水量对于总实用水量计算比例；消耗水量、漏渗水量、排放水量对于本系统的取水量计算比例。这里的漏渗水量是二次以上利用水量的漏渗水量，其中不包括一次水的渗漏水量。

6. 各项用水比例是针对各项用水量而言。热力系统的比例是针对取水量而言，但回收水量是针对蒸发量而言，回用水量则是针对回收水量而言的。

7. 总处理废水量是针对总排水量而言；处理损失量和再生回用水量是针对总处理量而言的。

8. 总取水量＝总供水量－总漏渗水量。

9. “11”“12”“13”是指功能复用水量，是以当量系数折算后的水量。

10. a、b、c是指自然复用水量，也就是习惯上的复用水量。

(1) 实用水量合理性分析。利用水合理化分析（评价）表中的总实用水量对主体企业与客体企业进行比较，如果发现主体企业总实用水量过大时，再用表中总取水量和总复用水量对两企业相对用水进行比较分析，看取水量大还是复用水量大，或两方面的因素都有；总实用水量较大，可能是由于冷却实用水量或工艺实用水量、热力实用水量、生活实用水量等方面造成的。找出主体企业用水的不足之处，还要根据用水结构分析确定。

(2) 用水结构适当性分析。对于两个企业，只要是工艺相同，产品一致，不论其规模的大小如何，其用水结构必然也会一致，因此按用水结构来进行分析。根据以上依据，如果是实用水量过大，在结构分析时，首先看各项实用水量的大小。

1) 若发现主体企业冷却用水量过高，可检查该项用水是复用水量过大还是取水量过高，如果是取水量大，可比对取水率，一定是取水率高，说明是由重复利用率低，复用水量低所致，可设法增加复用水量以提高重复利用率。如果是复用水量过大，可比对该项重复利用率，若重复利用率也很高时，则问题一定出在冷却水重复利用上，可能由于冷却水载热能力不佳所致。

2）若发现主体企业工艺用水量过高，证明该企业使用高用水设备是主要原因。若发现主体企业工艺复用水量过大而重复利用率高，应检查核实重复利用水量是否真实，测试是否准确。

3）若发现主体企业的热力用水量过高，应检查热力项的内容，是否是将热力范围扩大所致。

4）若发现主体企业的生活用水量过高，而不存在重复利用水量的问题，可检查各种用水是否存在该用复用水的地方而用了新鲜水量，如绿化、卫生用水等。

2. 用水分析

（1）计算各项用水比例。

1）计算冷却用水量约占总用水量的百分数，其中，间接冷却水约为90%，复用率在90%以上，循环系统的浓缩倍数都在2～5倍之间，系统运行正常。由于循环复用率高，复用水量大，主要原因是循环用水的效率低，载热效果差。

2）计算热力用水量约占总用水量的百分数，其中，锅炉用水量占到80%，其余热力站所用占20%。锅炉用水和热力站用水中损失较大，主要是由于供热中回收水量较低。

3）计算工艺用水量占到总用水量的百分数，大部分是洗涤用水。洗涤用水要做到循环利用，其他工艺用水也都能实现循序利用。

4）生活用水量占总用水量比重很小，主要是食堂和浴室使用。

（2）计算水的进出平衡比例。

1）消耗水量（包括进入产品的水量、物料带走的或吸收的水量、蒸发的水量、加湿用水量等）约占到总取水量的百分数。

2）计算排放水量（包括漏、渗、溢以及风吹飞散水量等）占总取水量的百分数，分析排水率的高低。

（3）在总用水量中，计算复用水量占总用水量的百分数、新水量占总用水量百分数，分析新水量利用率的大小。

3. 工业用水考核指标计算表

表5-3　工业用水考核指标计算表

序号	公式名称	符号	单位	公式形式	式中符号意义
1	用水量	V_t	m^3	$V_t=V_f+V_r$ $=V_f+V_s+V_{cy}$	V_f—新水量，m^3； V_r—重复利用水量，m^3； V_s—串联用水量，m^3； V_{cy}—循环用水量，m^3

续表

序号	公式名称	符号	单位	公式形式	式中符号意义
2	重复利用水量	V_r	m^3	$V_r=V_s+V_{cy}$	V_s—串联用水量，m^3； V_{cy}—循环用水量，m^3
3	新水量	V_f	m^3	$V_f=V_t-V_r$ $=V_{co}+V_d+V_l$	V_{co}—耗水量，m^3； V_d—排水量，m^3； V_l—漏失水量，m^3
4	排水量	V_d	m^3	$V_d=V_f-V_{co}-V_l$	V_f—新水量，m^3； V_{cy}—循环水量，m^3； V_l—漏失水量，m^3
5	单位产品取水量	V_{ui}	m^3	$V_{ui}=\frac{V_i}{Q}$	V_i—生产取水量，m^3； Q—产品产量
6	单位产品新水量	V_{uf}	m^3	$V_{uf}=\frac{V_f}{Q}$	V_f—新水量，m^3； Q—产品产量
7	万元产值新水量	V_{wf}	m^3/万元	$V_{wf}=\frac{V_f}{Z}$	Z—产品产值，万元
8	万元工业增加值	V_{vai}	m^3/万元	$V_{vai}=\frac{V_i}{V_a}$	V_i—生产取水量，m^3； V_a—工业增加值，万元
9	重复利用率	R	%	$R=\frac{V_r}{V_i+V_r}\times100$	V_r—重复利用水量，m^3； V_i—生产取水量，m^3
10	间接冷却水循环率	R_c	%	$R_c=\frac{V_{cr}}{V_{cl}}\times100$ $=\frac{V_cr}{V_{cr}+V_{cf}}\times100$	V_{cr}—间接冷却水循环量，m^3/h； V_{cl}—间接冷却水用量，m^3/h； V_{cf}—间接冷却水循环系统补充量，m^3/h
11	直接冷却水循环率	R_d	%	$R_d=\frac{V_{dr}}{V_{dl}}\times100$ $=\frac{V_{dr}}{V_{dr}+V_{df}}\times100$	V_{dr}—直接冷却水循环量，m^3/h； V_{dl}—直接冷却水用量，m^3/h； V_{df}—直接冷却水循环系统补充量，m^3/h
12	蒸汽冷凝水回收率	R_b	%	$R_b=\frac{V_{br}}{D}\rho\times100$	V_{br}—在标准状态下冷凝水回用量，m^3/h； D—产气设备的产气量，t/h； ρ—在标准状态下蒸汽的体积质量，t/m^3

续表

序号	公式名称	符号	单位	公式形式	式中符号意义
13	工艺水回收率	R_a	%	$R_a=\frac{V_{rg}}{V_{tg}}\times100$	V_{rg}—工艺水回用量，m^3； V_{tg}—工艺水用量，m^3
14	废水回收率	K_w	%	$K_w=\frac{V_w}{V_d+V_w}\times100$	V_w—外排废水自行处理后的回用量，m^3； V_d—排水量，m^3
15	达标排放率	K_p	%	$K_p=\frac{V'_d}{V_d}\times100$	V'_d—达标排水量，m^3
16	用水综合漏失率	K_l	%	$K_l=\frac{V_l}{V_i}\times100$	V_l—漏失水量，m^3； V_i—生产取水量，m^3
17	非常规水资源代替率	K_b	%	$K_b=\frac{V_{ih}}{V_i+V_{ih}}\times100$	V_{ih}—非常规水资源所替代的取水量，m^3
18	水表计量率	K_m	%	$K_m=\frac{V_{mi}}{V_{il}}\times100$	V_{mi}—企业各层次用水单元水表计量的用（或取）水量，m^3； V_{il}—企业各层次用水单元的用（或取）水量，m^3
19	水表配备率	R_p	%	$R_p=\frac{N_s}{N_I}\times100$	N_s—实际安装水表数量，个； N_I—测量全部水量应安装水表数量，个
20	人均生活取水量	V_{ft}	m^3/（人·d）	$V_{ft}=\frac{V_{ff}}{N}$	V_{ff}—日附属生产用水或工作附属用新水量，m^3/d； N—日均职工人数，人

4. 工业合理化用水分析

工业合理化用水分析内容见表5-4。

表5-4 工业合理化用水分析表

序号	分析项目	分析内容
1	用水考核指标分析	(1) 本工业历年用水比较分析； (2) 与省内同行业先进指标分析； (3) 与国内同行业先进指标分析
2	生产状况分析	(1) 设计生产能力与实际生产负荷的差距情况； (2) 辅助生产单位的专业化生产状况

续表

序号	分析项目	分析内容
3	用水管理分析	(1) 规章制度制定、执行情况； (2) 定额管理、指标考核情况； (3) 管理机构现状
4	用水设备分析	(1) 用水设备的先进性分析； (2) 设备运转情况
5	用水状况分析	(1) 水温、水质分析； (2) 消耗水分析； (3) 排水分析
6	节水潜力分析	(1) 有效使用量分析； (2) 损失量分析

5. 节水规划

节水规划是在节水潜力的基础之上进行的，节水潜力决定节水项目，即节水规划的大小。

(1) 节水潜力分析。主要从随意用水量、工艺改革、设备改造三方面分析，随意用水量属于管理项目。工艺改革、设备改造属于技术项目。

(2) 节水规划。节水规划要根据节水潜力所在的位置、节水技术、场地大小、技术难度、资金来源等来确定。

第五节 节水型企业建设

一、节水型企业评价原则

(1) 评价指标应能体现企业在用水管理和用水效率提升方面的实际水平，定性与定量评价相结合。

(2) 考虑不同行业、不同产品生产的用水特点，以及地区各种水资源的禀赋差异。

(3) 对不同类型企业应具有一定的通用性，同行业的企业之间应具有较好的可比性。

(4) 应具有可操作性，数据来源真实可信，计量和统计口径一致，便于评价。

二、节水型企业评价指标体系

(1) 节水型企业评价指标体系包括基本要求、管理指标和技术指标。

(2) 节水型企业应全部满足基本要求，见表5-5。

表5-5 节水型企业基本要求表

序号	基本要求
1	生活用水和生产用水分开计量
2	自制蒸汽单位应将供汽锅炉蒸汽冷凝水回收至锅炉水补水，外购蒸汽单位应当充分利用蒸汽冷凝水，严禁直接排放
3	工艺用水及直接冷却水不直排，应回收或重复利用
4	水计量器具的配备与管理符合GB 24789的要求（附水计量器具规格型号清单）
5	按规定周期开展水平衡测试或用水审计（水平衡测试报告或用水审计报告应通过主管部门的专家评审或能够证明其效力的文件）
6	企业废水排放符合标准要求（附地方环保证明或地方排污许可证）
7	不使用国家明令淘汰的用水设备和器具
8	取用水资源手续齐全（并附批件复印件）
9	近三年用水无超计划超定额用水（附地方节水办证明）
10	新建、改建、扩建项目时，节水设施应与主体工程同时设计、同时施工、同时投入运行。做到用水计划到位、节水目标到位、管水制度到位、节水措施到位（简称“三同时、四到位”）

(3) 节水型企业管理指标主要评价企业的节水管理制度、管理机构、供排水设施和用水计量管理、水平衡测试、节水技术改造及投入、节水宣传等，具体指标及要求见表5-6。

表5-6 节水型企业管理指标及要求表

序号	指标名称	指标要求
1	管理制度	有科学合理的节约用水管理制度，实行计划用水管理，制定节水规划和节水年度计划并分解到各主要用水部门；有健全的节水统计制度，应定期向相关部门报送节水统计报表
2	管理机构	节水管理组织机构健全，有主要领导负责用水、节水工作；有用水、节水管理部门和专（兼）职用水、节水管理人员、岗位职责明确
3	管网（设备）管理	用水情况清楚，有详细的供排水管网和计量网络图；有日常巡查和保修检修制度，有问题及时解决，定期对管道和设备进行检修
4	水计量管理	原始记录和统计台账完整规范并定期进行分析；内部实行定额管理，节奖超罚
5	水平衡测试	依据GB/T 12452进行水平衡测试，保持有完整的水平衡测试报告书及相关文件

续表

序号	指标名称	指标要求
6	节水技术改造及投入	企业注重节水资金投入，每年列支一定资金用于节水工程建设、节水技术改造，所采用的生产工艺与装备应符合国家产业政策、技术政策和发展方向，并采用节水型设备
7	节水宣传	经常性开展节水宣传教育；职工有节水意识

（4）节水型企业技术指标包括企业取水、重复利用、用水漏损、计量、排水以及非常规水源利用，应根据不同行业取水、用水和排水的特点，按照表 5-7 选择不同的技术指标；技术指标值应达到先进水平，技术指标的计算方法参见《节水型企业评价导则》（GB/T 7119—2018）附录 B。

表 5-7　　节水型企业技术指标表

评价内容	技术指标	单位
取水	单位产品取水量	m^3/单位产品
	化学水制取系数	—
重复利用	重复利用率	%
	直接冷却水循环率	%
	循环水浓缩倍数	—（无量纲）
	蒸汽冷却水回收率	%
	蒸汽冷却水回用率	%
	废水回用率	%
用水漏损	用水综合漏损率	%
计量	水表计量率	%
	水计量器具配备率	%
排水	单位产品排水量	m^3/单位产品
	达标排放率	%
非常规水源利用	非常规水源替代率	%
	非常规水源利用率	%

第六章

节水型社会建设科普知识

1. *什么是水资源?*

水资源从广义来说是指水圈内水量的总体，包括经人类控制并直接可供灌溉、发电、给水、航运、养殖等用途的地表水和地下水，以及江河、湖泊、井、泉、潮汐、港湾和养殖水域等。从狭义上来说是指逐年可以恢复和更新的淡水量。水资源是发展国民经济不可缺少的重要自然资源。在世界上很多地方，对水的需求已经超过水资源所能负荷的程度，同时有许多地区也面临水资源利用不平衡的问题。

2. *什么是水资源总量?*

某特定区域在一定时段内地表水资源与地下水资源补给的有效数量总和，即扣除河川径流与地下水重复计算部分后的总水量。

3. *什么是水资源可利用量?*

水资源可利用量是指在水资源可持续利用的前提下，考虑技术上的可行性、经济上的合理性以及生态环境的可承受性，通过工程措施可以获取并利用的一次性水量。

4. *世界上工业、农业水资源现状怎样?*

世界上工业、农业和家庭用水分别占全球总用水量的22%、70%和8%；在高收入国家分别占59%、30%和11%；在低收入国家分别占10%、82%和8%。由于不加处理的工业用水污染了地表水和地下水，60%的大陆面积淡水资源不足，100多个国家和地区严重缺水，20多亿人口用水紧张，近80%的人口受到水荒的威胁。如果不科学、合理利用水资源，继续过度用水、浪费和破坏水资源，到2025年，世界将有一半的人口生活在缺水地区。

5. *我国的基本水情是什么?*

我国水资源总量为2.8万亿m^3，居世界第六位，但我国多年人均水资源量为1700～2100m^3，为世界人均水平的1/4。我国年均缺水量500多亿m^3，600

多座城市中 2/3 城市缺水。有 16 个省（自治区、直辖市）人均水资源量低于 $1000m^3$，有 6 个省（自治区）（宁夏、河北、山东、河南、山西、江苏）人均水资源量低于 $500m^3$。

6. 我国的水资源分布情况如何？

（1）水资源空间分布不均。南方多北方少、东部多西部少、山区多平原少。

（2）我国水资源时间分布不均。夏秋多冬春少。东部和南部受季风影响大，降水集中，大部分地区每年汛期 4 个月的降水量占全年的 60%～80%，容易形成春旱夏涝；西部处于内陆地区，远离海洋，受季风影响弱，气候干旱，降水稀少。

7. 什么是资源水利？

资源水利是以实现水资源的可持续利用为目标，主张在重视提升人力资源和加工资源两个生产要素质与量的水利工程投入的同时，更重视维护和提升自然资源这一生产要素质与量的水利工程投入，是水利可持续发展的新模式。

8. 什么是水资源开发利用率？

水资源开发利用率是指流域或区域用水总量占水资源可利用量的比率，体现的是水资源开发利用的程度。国际上一般认为，对一条河流的开发利用不能超过其水资源量的 40%。目前，黄河、海河、淮河水资源开发利用率都超过 50%，海河更是高达 95%，超过国际公认的 40%的合理限度。

9. 什么是水体污染？

水体污染简称为水污染，是指由于人类活动排放的污染物进入河流、湖泊、海洋或地下水等水体，使污染物在水体中的含量超过了水体的本底含量和水体自净能力，以致水体中水的物理、化学性质或生物群落组成发生变化，从而降低了水体的使用价值和原有的用途。

10. 什么是生态环境耗水？

生态环境耗水是指维护生态环境不再进一步恶化，并逐渐改善所需要消耗的地表水和地下水的资源总量。

11. 什么是水环境承载能力？

水环境承载能力是指在一定的水域内，其水体能够被继续使用并仍保持良好生态系统时，所能够容纳污水及污染物的最大能力。

12. 如何提高水环境承载能力？

提高水环境承载能力的主要途径有两个：减污和增水。

减污的工作重点：一是要强调清洁生产，把防治水体污染的工作重点从末端治理转为源头控制；二是节水；三是污水处理。增水是指对水域进行增水调控。

提高水环境承载能力的途径除减污、增水外，污水资源化也是一项重要措施。污水资源化既治理了污水，减少了污水的排放，处理后的水又可以回用，增加了水环境承载能力。

13. 什么是绿色经济？

绿色经济是以市场为导向、以传统产业经济为基础、以经济与环境的和谐为目的而发展起来的一种新的经济形态，是产业经济为适应人类环保与健康需要而产生并表现出来的一种发展状态。

14. 什么是循环经济？

循环经济就是把清洁生产和废弃物的综合利用融为一体的经济，本质上是一种生态经济，它要求运用生态学规律来指导人类社会的经济活动。

15. 什么是水功能区划？

水功能区划就是从合理开发和有效保护水资源的角度出发，依据国民经济发展规划和有关水资源综合利用规划，科学合理地在相应水域划定具有特定功能满足水资源合理开发利用和保护要求，并能够发挥最佳效益的区域，确定各水域的使用功能，明确水功能区的水质保护目标。

16. 什么是政府调控？

政府调控就是充分发挥政府在水资源配置和经济发展中的宏观调控作用，主要是合理配置用水总量，明晰各级水权；确定各行业用水控制指标，完善定额管理指标体系；全面建设水资源宏观管理的政策体系、规章体系、技术支撑体系、投入机制和节水型社会的评价体系等。

17. 什么是市场引导？

市场引导就是把市场机制引入水资源管理之中，形成与社会主义市场经济相适应的水资源管理运行机制。从政府的角度讲，主要是引导和培育水市场，建立水权流转和水量交易规则、水价形成机制等，使水资源配置在市场中逐步发挥基础性作用。

18. 什么是公众参与？

公众参与是指在水资源管理和开发利用过程中，贯穿民主政治的思想，逐级选举产生用水者协会，参与水权、水价、水量的管理和监督，并由村级用水者协会管理村集体水权，配水到户，负责斗渠以下水利工程的管理、维修和水费收取。

19. 什么是总量控制？

总量控制是指国家和省级水行政主管部门在保证流域生态用水的同时，根据全流域经济发展需要兼顾各方面的利益而下达的用水指标。实行总量控制是节水型社会建设的重要组成部分，是整体利益与局部利益、长远利益与眼前利益、经济发展与保护环境的具体体现，是实现人与自然和谐共处的具体体现。

20. 新时期的治水思路是什么？

新时期的治水思路为“节水优先、空间均衡、系统治理、两手发力”。

(1) 节水优先：不是简单地减少用水量，要分清主次、因果关系，在观念、意识、措施等方面都要把节水放在优先位置。

(2) 空间均衡：在管理上基于当地水资源、水环境的承载能力，要弄清楚哪些水可以用，对水的需求是什么？坚持以水定产，量水而行，因水制宜。

(3) 系统治理：山水林田湖草是一个生命共同体，人的命脉在田，田的命脉在水，水的命脉在山，山的命脉在土，土的命脉在草。要把治水与治山、治林、治田有机结合起来，协调解决水资源问题。

(4) 两手发力：保障水资源安全，要充分发挥政府作用和市场机制，分清楚哪些事情政府应该干，哪些事情可以依靠市场机制完成。

21. 我国工业用水水平与发达国家相比差距有多大？

我国城镇工业（不含火电）水的重复利用率为63%，全部工业（含乡镇企业）用水重复率不足55%，发达国家工业用水的重复利用率在75%以上，美国制造业已达94.5%，日本制造业在1989年为75.3%。与世界发达国家相比，我国工业用水的总体水平还很低。

22. 什么是“五水共治”？

“五水共治”是指防洪水、排涝水、保供水、抓节水、治污水五项。

23. 什么是节约用水？

节约用水是指通过行政、技术、经济、工程等手段加强用水管理，调整用水结构，改进用水工艺，实行计划用水，杜绝用水浪费，运用先进的科学技术建立科学的用水体系，有效地使用和保护水资源，以适应城市经济和城市建设可持续发展的需要，简称节水。

24. 什么是节水型社会？

节水型社会是指人们在生活和生产过程中，在水资源开发利用的各个环节，通过政府调控、市场引导、公众参与，以完备的管理体制、运行机制和法制体系为保障，建立与水资源承载能力相适应的经济结构体系，促进区域经济社会的可持续发展。

25. 什么是节水型载体？

以企业、公共机构单位、居民小区为载体，以提高节水意识，倡导科学用水和节约用水的生产生活为核心，通过对标达标，加大宣传，发挥节水的引导作用，调动企业、公共机构单位职工和居民家庭的节水积极性，营造全民节水的良好氛围，使节约用水成为企业、公共机构单位职工和居民家庭的自觉行动。

26. 什么是节水型城市？

节水型城市是指一个城市通过对用水和节水的科学预测和规划，调整用水结构，加强用水管理，合理配置、开发、利用水资源，并形成科学的用水体系，使其社会、经济活动所需用的水量控制在本地区自然界提供的或者当代科学技术水平能达到或可得到的水资源量的范围内，并使水资源得到有效的保护。

27. 创建节水型城市的基础和重点是什么?

创建节水型城市的基础和重点是创建节水型企业、节水型机关、节水型校园、节水型小区等节水型单位。

28. 节水型社会的必备条件是什么?

(1) 最严格水资源管理制度、水资源消耗总量和强度双控行动确定的控制指标全部达到年度目标要求。

(2) 近两年实行最严格水资源管理制度考核结果为良好及以上。

(3) 节水管理机构健全，职责明确、人员齐备。

(4) 除标准特别指出之外，应当采用上一年的资料和数据进行评价计算得分。总分 90 分以上者认定为达到节水型社会标准要求。

(5) 如遇缺项，则该项不得分，评价总分按照公式进行折算，折算公式：

评价总分=(实际总得分－加分项得分)×100/(100－缺项对应分值)＋加分项得分。加分项不计入缺项。

29. 什么是水权?

水权是指水资源的所有权、使用权、经营管理权和转让权的总称，也可称为水资源产权，水权制度的核心是水资源产权的明晰和确立。

30. 什么是水权交易?

在水资源优化配置和高效利用的前提下，取得水资源使用权的地区或用水户以水市场为平台，通过平等协商，将其节余的水资源有偿转让给其他地区或用水户，使水资源的使用权发生变化，这就是水权交易。水权交易是水市场的重要内容，也是水市场形成的重要标志。在水权交易过程中，既要体现水的商品价值，又要体现兼顾大多数人的利益和公平交易的原则。

31. 什么是水权明晰?

水权明晰是指通过水权分配和制定用水定额落实各行各业、各个流域及用水户的用水指标，建立用水总量控制与定额管理相结合的管理制度。水权明晰的核心是确定用水户用水量、水的使用权和支配权。

32. 水票的作用是什么?

水票进入水消费的流通领域，体现用水商品化和节水具体化，使人们从节水意识上落实到节水行动上。水票的使用使得总量控制和定额管理成为可能，它的最大作用是使用水户知道能用多少水，可以用多少水。对于农业供水而言，可以增强农民节水意识，促进种植结构调整，规范用水秩序，便于收缴水费，方便水量交易，减轻农民水费负担。水票的使用增强了用水的透明度，是公众参与用水的具体体现。

33. 水票运行中应注意哪些问题?

在水票运行过程中，一般应注意以下问题：一是要加强对水票的监督使用，做到凭票供水，先购后供，水过账清；二是要统一水票的监制样式，增强水票的防伪功能；三是要按照水权交易的原则，规范水票流通；四是要明确水票与水权的关系，不能用水票代替水权。

34. 水价改革的基本思路是什么？

水价改革的基本思路：坚持从实际出发，按价值规律办事，制定合理的水价政策，特别是节水水价政策，改革供水管理体制，逐步建立起适应社会主义市场经济规律的水价体系和水市场体系。供水价格实行政府定价和政府指导价，价格制定实行统一领导，分级管理，兼顾各方面的承受能力，遵循保护资源、节约用水、补偿成本、合理收益、公平收益、公平负担、适时调整的原则。

35. 农田用水量交易的条件是什么？

（1）各用水户必须缴纳水费、水资源费和其他各项费用后方可进行交易。

（2）农业灌溉必须采取各种节水措施提高用水效益，加大种植结构调整力度，推广高新技术，发展高效农业。

（3）灌区分配给用水户的水量，在满足灌溉需求的前提下，节余部分可以进行交易。

36. 节水与水价的关系如何？

节水与水价的关系：一是科学合理的水价，是促进节约用水、减少水资源浪费的重要手段，能够发挥价格杠杆作用，自动调节水资源供需关系，缓解水资源的供求矛盾；能够促进水资源的优化配置，促进社会经济的可持续发展。二是科学合理的水价，是培育水市场良性运行机制、促进水行业由供水管理向需水管理转变的必要手段，也是营造节水产品发展空间和建立良性节水机制的基础条件，有利于资源的节约。科学合理的水价有利于降低成本提高经济效益。

37. 什么是虚拟水？什么是虚拟水贸易？

虚拟水是指商品生产和服务所需要的水资源数量，它以虚拟的形式包含于商品和服务当中。虚拟水贸易是指缺水国家或地区通过贸易方式从富水国家或地区购买水密集型产品来获得水安全保障。

38. 什么是城镇非居民用水单位？

城镇非居民用水单位是指纳入取水许可管理和从公共供水管网取水的工业、服务业的用水单位。

39. 节水型社会评价中的北方地区是指哪些城市？

北方地区包括北京、天津、河北、山西、内蒙古、辽宁、吉林、黑龙江、山东、河南、陕西、甘肃、宁夏、新疆等14个省（自治区、直辖市）。

40. 什么是节水型企业？

采用先进适用的管理措施和节水技术，经评价用水效率达到国内同行业先进水平的企业。

41. 什么是节水型设备?

在使用中，与同类设备或相同功能的设备相比，具备可提高水的利用效率、或防止水漏失、或能替代常规水资源等特性的设备。

42. 企业用水量主要包括哪些用水?

企业用水量包括主要生产用水、辅助生产用水和附属生产用水。

(1) 主要生产用水量：直接用于主要生产过程的水量，包括工艺用水量、锅炉用水量等。

(2) 辅助生产用水量：为企业主要生产装置服务的辅助生产装置的用水量，包括机修、运输、空压站等设备的用水和水处理单元的自用水量。

(3) 附属生产用水量：在厂区内为生产服务的各种生活用水和杂用水的总用水量，但不包括基建用水量和消防用水量以及企业生活区的用水量。

43. 什么是企业取水量?

企业从各种水源提取的水量，包括取自地表水、地下水、城镇供水工程，以及企业从市场购得的其他水或水的产品（如蒸汽、热水、地热水等），不包括企业自取的海水和苦咸水以及企业为外供给市场的水的产品（如蒸汽、热水、地热水等）而取用的水量。

44. 什么是企业用水量?

企业在生产过程中所使用的各种水量的总和，用水量等于取水量和重复利用水量之和。

45. 什么是耗水量?

在确定的用水单元或系统内，生产过程中进入产品、蒸发、飞溅、携带及生活饮用等所消耗的水量。

46. 什么是新水量?

企业内用水单元或系统取自任何水源被该企业第一次利用的水量。

47. 什么是重复利用水量?

在企业内部用水中，使用的所有未经处理和处理后重复使用的水量的总和，即循环水量和串联水量的总和。

48. 什么是冷却水循环量?

冷却水循环量是指冷却水中循环利用的水量，为直接冷却水循环量和间接水循环量之和。

49. 什么是蒸汽冷凝水回用量?

蒸汽冷凝水回用于企业用水单元（设备）的水量。

50. 什么是漏失水量?

企业内供水及用水管网和用水设备漏失的水量。

51. 规模以上工业企业指的是什么？

规模以上工业企业是指年主营业务收入在2000万元以上的工业企业。

52. 重点用水行业指的是什么？

重点用水行业包括火电、钢铁、纺织染整、造纸、石油炼制、化工、食品等行业。

53. 什么是再生水？

再生水是指污水经过适当处理后，达到一定的水质指标，满足某种使用要求，可以再次利用的水。

54. 企业节水技术包括什么？

企业节水技术是指可以提高水利用效率和效益，减少用水损失，能替代常规水资源等技术，包括直接节水技术和间接节水技术。

55. 企业用水技术档案包含哪些内容？

（1）用水节水的相关规章制度。

（2）各种水源（自来水、地下水、地表水及其他水源）的水量、水质和水温参数。

（3）供水、排水管网图。

（4）水表配备系统图。

（5）供水、用水、排水日常记录台账及相关汇总表格。

（6）近年用水节水技术改造情况。

（7）近年的水平衡测试文件。

56. 节水型企业评价标准有哪些？

（1）符合国家产业政策相关要求。

（2）符合节水型企业相关标准。

（3）满足节水型企业基本要求的各项条件。

（4）符合单位产品取水量、水重复利用率、用水漏损等各项具体技术考核要求。

（5）按照节水型企业管理评价要求进行评价并达到48分以上（含48分，满分60分）。

57. 节水型企业评价指标体系包括哪些内容？

节水型企业评价指标体系包括基本要求、管理考核指标和技术考核指标。

58. 节水型企业评价的基本要求有哪些？

表6-1　节水型企业评价的基本要求表

序号	基本要求
1	生活用水不采用包费制
2	生活用水和生产用水分开计量

续表

序号	基本要求
3	供汽锅炉冷凝水回收
4	间接冷却水和直接冷却水不直排
5	水计量器具的配备与管理符合 GB 24789—2009 的要求（附水计量器具一览表、技术档案等相关材料）
6	企业废水排放符合标准要求（附地方环保局证明）
7	不使用国家明令淘汰的用水设备和器具
8	有取用水资源的合法手续（附批件复印件）
9	近三年用水无超计划（附地方节水办证明）
10	实施节水“三同时”“四到位”制度。节水“三同时”即节水设施必须与主体工程同时设计、同时施工、同时投入运行。“四到位”即做到用水计划到位、节水目标到位、管水制度到位、节水措施到位

59. 节水型企业管理评价要求有哪些？

管理考核指标主要考核企业的用水管理和计量管理等，包括管理制度、管理人员、供水管网和用水设备管理、水计量管理和计量设备等。

表 6-2　节水型企业管理考核指标表

序号	考核指标	考核内容	考核方法	评分
1	管理制度	有科学合理的节水管理网络和岗位责任制	查阅文件、网络图和工作记录	4
		有制定节水规划和年度节水计划	查阅有关文件和记录	4
		有健全的节水统计制度，定期向相关部门报送节水统计报表	查阅有关资料	4
2	管理机构和人员	由主要领导负责用水、节水工作	查阅有关文件及会议记录	4
		有用水、节水管理部门和专（兼）职用水、节水管理人员	查阅企业上级主管部门文件	4
3	管网（设备）管理	有详细的供水管网图、排水管网图和计量网络图	查阅图纸及查看现场	4
		有日常巡查和保修检修制度，定期对管道和设备进行检修	查阅巡查记录和落实情况	4

续表

序号	考核指标	考核内容	考核方法	评分
4	水计量管理	原始记录和统计台账完整规范并定期进行分析	查阅台账和分析报告，核实数据	4
		内部实行定额管理，节奖超罚	查阅定额管理节奖超罚文件和资料	4
5	水平衡测试	按规定周期进行水平衡测试	查阅水平衡测试报告书及有关文件	8
6	生产工艺和设备	开展节水技术改造	查阅有关工作记录	4
		使用节水新技术、新工艺、新设备	节水设备管理好且运行正常	4
7	节水宣传	经常性开展节水宣传教育	查看相关资料	4
		职工有节水意识	询问职工节水常识	4

60. 技术考核指标包括哪些内容？

技术考核指标主要考核企业取水、用水、排水以及利用常规水资源等四个方面。依据不同行业取水、用水、节水的特点，选择不同的考核内容和技术指标。

61. 企业在新建、改建和扩建项目时要遵循的“三同时”“四到位”指的是什么？

“三同时”即工业节水设施必须与工业主体工程同时设计、同时施工、同时投入运行；

“四到位”即工业企业要做到用水计划到位、节水目标到位、管水制度到位、节水措施到位。

62. 钢铁行业节水型企业技术考核指标与要求有哪些？

表 6-3　　钢铁行业节水型企业技术考核指标表

考核内容	技术指标	单位	考核值
取水量	吨钢取水量	m^3	≤4.2
重复利用	直接冷却水循环率	%	≥95%
	废水回用率	%	≥75%
	重复利用率	%	≥97%
用水漏损	用水综合漏失率	%	≤8%

63. 造纸行业节水型企业技术考核指标与要求有哪些？

表 6-4　　造纸行业节水型企业技术考核指标表

考核指标	指　　标	单位	考核值
单位产品取水量	漂白化学木（竹）浆	m^3/t 风干浆	≤70
	本色化学木（竹）浆		≤50
	化学机械木浆		≤30
	漂白化学非木（麦草、芦苇、甘蔗渣）浆		≤100
	脱墨废纸浆		≤24
	未脱墨废纸浆		≤16
	新闻纸	m^3/t	≤16
	印刷书写纸		≤30
	生活用纸		≤30
	包装用纸		≤20
	白纸板		≤30
	箱纸板		≤22
	瓦楞原纸		≤20
重复利用率	纸浆	%	≥70
	纸及纸板		≥85

注　1. 经抄浆机生产浆板时，允许在本定额的基础上增加 $10m^3/t$。
2. 生产漂白脱墨废纸浆时，允许在本定额的基础上增加 $10m^3/t$。
3. 生产涂布类纸及纸板时，允许在本定额的基础上增加 $10m^3/t$。
4. 纸浆的计量单位为吨风干浆（含水 10%）。
5. 纸浆、纸、纸板的取水量定额指标分别计算。
6. 高得率半化学本色木浆及草浆按本色化学木浆执行，机械木浆按化学机械木浆执行。
7. 不包括特殊浆种、薄页纸及特种纸的取水量

64. 什么是用水合理性分析？

用水合理性分析是指在全面、系统用水调查的基础上，对用水结构、用水对象、用水环节、用水管理等多方面进行深入分析，揭示用水不合理程度及原因，寻求用水合理配置、提高用水效率、加强用水管理的办法。

65. 什么是水平衡测试？

水平衡测试是以企业为测试对象，对用水体系中各水量进行收支平衡的测量过程，包括对水量、水质、水温等因素的测试过程。通过摸清用水系统内各用水环节现状、用水效率，对用水系统内供水、耗水及排水进行水量平衡分析测试的过程，寻求系统最优的供用水平衡点。

66. 水平衡测试的目的是什么？

(1) 掌握企业用水现状，以实测数据为基础，确定企业用水水量之间的定

量关系。

(2) 进行企业用水合理化水平分析，挖掘节水潜力，制定合理的技术、管理措施和用水规划。

(3) 建立企业用水档案，健全工业用水计量仪表，提高企业用水管理人员业务素质。

(4) 为制定工业不同产品用水定额积累基础数据。

67. 水平衡测试的程序是什么？

(1) 成立负责水平衡测试的专门机构，主要对测试过程所涉及的生产、技术、管理等方面进行协调，确保水平衡测试工作的顺利开展。

(2) 对水平衡测试相关人员进行技术培训，使其掌握水平衡测试的意义、原则及相关标准、规范和方法。

(3) 确定水平衡测试内容。

(4) 划分用水单位，明确测点，确定水平衡测试周期、时段及方法，制定测试方案。

(5) 选定测试仪表并安装检测；

(6) 检测漏溢水量，找出有泄漏的给水管段、供水设备，并采取相应措施解决泄漏问题，原则上检测延续时间不少于2h。

(7) 进行实测，按用水单元自下而上测量其水量参数，并按要求测定水质参数和水温参数。根据实测数据绘出相应的水平衡图，以测试单元为基础，分析整理实测数据，绘制工业水平衡图；将实测数据汇总。

(8) 进行合理化用水分析；

(9) 制定合理化用水规划，提出整改意见。

(10) 编制水平衡测试报告。

68. 企业水平衡测试需统计的数据有哪些？

(1) 企业取水水源情况表。

(2) 企业年用水情况表（近3～5年）。

(3) 企业生产情况统计表。

(4) 全厂计量水表配备情况表。

(5) 用水单元水平衡测试表。

(6) 企业水平衡测试统计表。

(7) 企业用水分析表。

69. 节水型居民小区的建设思路是什么？

以居民小区为载体，以提高居民节水意识、倡导科学用水和节约用水的文明生活为核心，通过健全标准，对标达标，加大宣传，发挥居民委员会、物业公司的引导作用，调动居民家庭的节水积极性，营造全民节水的良好氛围，使节约用水成为小区居民的自觉行动。

70. 节水型居民小区的建设范围是什么？

节水型居民小区的建设范围包括由物业公司统一管理的、实行集中供水的城镇居民小区。各地区可结合实际情况逐步扩大建设范围。

71. 节水型居民小区的建设任务是什么？

(1) 开展节水科普宣传。

(2) 规范用水管理。

(3) 推广使用节水技术和设备。

72. 构建节水型社区应该怎么做？

节水型社区每年应结合“世界水日、节水宣传周、环境日”等主题，开展宣传活动，发放节水宣传资料和节水小常识资料，以各种喜闻乐见形式进行节水宣传，将节水宣传工作不断推向深入。在抓好集中宣传的同时，社区还要注重做好经常性宣传工作，利用横幅、宣传栏等途经宣传节水的重要意义，动员居民安装使用节水器具，使得节水观念走入家庭，深入人心。

73. 社区开展节水科普宣传有哪些形式？

居委会、物业公司定期开展面向小区居民、家庭的节水科普宣传，普及节水知识和技能。居委会开展节水志愿服务和社会实践活动，倡导节水型的生活方式和消费模式。

74. 社区规范用水管理主要是指什么？

落实物业公司节水责任，建立健全小区用水管理制度，制定年度节水计划，加强目标责任管理。全面实施居民用水“一户一表”计量，加强小区内公共用水设施设备的日常管理和定期巡护、维修。积极引导基层妇联组织、居委会、业主委员会等参与节水管理和日常监督，推动建立公众参与的节水机制和用水监督制度。

75. 什么是非常规水源？

非常规水源区别于传统意义上的水资源（地表水、地下水），主要有雨水、再生水、海水、矿井水、微咸水等，其特点是经过处理后可以利用或再生利用，并在一定程度上替代常规水资源。

76. 身边的非常规水源利用方式有哪些？

(1) 废污水处理达标后可用于市政道路清扫，园林绿化灌溉。

(2) 再生水用于景观用水、洗车等。

(3) 雨水集蓄起来，浇灌庭院花草等。

(4) 海水淡化。

77. 推广使用节水技术和设备的途径主要有哪些？

淘汰不符合节水标准的用水产品和设备，稳步推进老旧管网改造，有条件的小区积极推进再生水利用和雨水集蓄利用。

78. 节水型小区节水技术指标包括哪些?

节水技术指标包括居民人均月用水量、家庭用水计量率、节水器具普及率、公共用水计量率、公共用水设施漏水率等。

79. 节水型小区节水管理指标包括哪些?

节水管理指标包括节水宣传、公众参与、用水管理、设施管理等。

80. 节水型居民小区享受哪些政策?

各地水行政主管部门、节约用水办公室在安排资金和项目时，优先支持节水型居民小区推广普及节水器具和设备，建设雨水集蓄利用、再生水利用等节水技术推广应用和示范项目。

81.《国家节水行动方案》中明确的重点行动是什么?

(1) 总量强度双控。

(2) 农业节水增效。

(3) 工业节水减排。

(4) 城镇节水降损。

(5) 重点地区节水开源。

(6) 科技创新引领。

82. 总量强度双控是指什么?

(1) 强化指标刚性约束。严格实行区域流域用水总量和强度控制。健全省、市、县三级行政区域用水总量、用水强度控制指标体系，强化节水约束性指标管理，加快落实主要领域用水指标。划定水资源承载能力地区分类，实施差别化管控措施，建立监测预警机制。水资源超载地区要制定并实施用水总量削减计划。到2020年，建立覆盖主要农作物、工业产品和生活服务业的先进用水定额体系。

(2) 严格用水全过程管理。严控水资源开发利用强度，完善规划和建设项目水资源论证制度，以水定城、以水定产，合理确定经济布局、结构和规模。到2019年底，出台重大规划水资源论证管理办法。严格实行取水许可制度。加强对重点用水户、特殊用水行业用水户的监督管理。以县域为单元，全面开展节水型社会达标建设。到2022年，北方50%以上、南方30%以上的县（区）级行政区达到节水型社会标准。

(3) 强化节水监督考核。逐步建立节水目标责任制，将水资源节约和保护的主要指标纳入经济社会发展综合评价体系，实行最严格水资源管理制度考核。完善监督考核工作机制，强化部门协作，严格节水责任追究。严重缺水地区要将节水作为约束性指标纳入政绩考核。到2020年，建立国家和省级水资源督察和责任追究制度。

83. 建立节水型小区，你知道哪些生活节水的小细节?

(1) 购买用水器具认准“中国水效标识”，一年水费省一半。

（2）“单柄双控水嘴”最省水，铸铁螺旋升降式水嘴必须被淘汰。

（3）马桶要选“2 级以上水效等级”，一天轻松省水 6L。

（4）花洒柄多了也没用，“单柄双控淋浴器”才是最佳选择。

（5）“净水机水效等级”区别大不同，别忽略了尾水的回收与利用。

（6）洗衣机想更节水，不要“波轮”要“滚筒”。

84. 农业节水增效是指什么？

（1）大力推进节水灌溉。到 2022 年，创建 150 个节水型灌区和 100 个节水农业示范区。

（2）优化调整作物种植结构。到 2022 年，创建一批旱作农业示范区。

（3）推广畜牧渔业节水方式。到 2022 年，创建一批畜牧节水示范工程。

（4）加快推进农村生活节水。加强农村用水设备改造，加快村镇生活供水设施及配套管网建设与改造。

85. 工业节水减排是指什么？

（1）大力推进工业节水改造。

（2）推动高耗水行业节水增效。

（3）积极推进水循环梯级利用。

86. 城镇节水降损是指什么？

（1）全面推进节水型社会建设。

（2）大幅度降低供水管网漏损。

（3）深入开展公共领域节水。

（4）严控高耗水服务业用水。

87. 重点地区节水开源是指什么？

（1）在超采区削减地下水开采量。

（2）在缺水地区加强非常规水资源利用。

（3）在沿海地区充分利用海水。

88. 节水科技创新引领是指什么？

（1）加快关键技术装备研发。推动节水技术与工艺创新。重点支持用水精准计量、水资源高效循环利用、精准节水灌溉控制、管网漏损监测智能化、非常规水利用等先进技术及适用设备研发。

（2）促进节水技术转化推广。建立“政产学研用”深度融合的节水技术创新体系，加快节水科技成果转化、推进节水技术、产品、设备使用示范基地、国家海水利用创新示范基地和节水型社会创新试点建设。

（3）推动技术成果产业化。到 2022 年，培育一批技术水平高、带动能力强的节水服务企业。

89. 家庭节水应注意哪些事项？

(1) 及时关紧正在滴水的水龙头。

(2) 在厕所蓄水箱里装一个节水装置。

(3) 不要在中午浇花，因为中午阳光强，水易蒸发。

(4) 在水龙头上装一个流水控制器，可以节约大量用水。

(5) 告诉全家成员，在洗蔬果、洗脸、刮胡子时，不应让水龙头开着。

(6) 在自己家水龙头处写上“请注意节约用水”。

(7) 停电停水后，当你要外出时请拧紧水龙头。

90. 我国非常规水源的利用现状是什么？

非常规水源利用主要集中在东中部地区，利用量较大的省市包括广东、北京、山东、江苏、上海、河南、河北等。非常规水源利用方向主要包括景观环境用水、工业用水、城市非饮用水、农业用水、林业用水、地下水回灌用水等。

91. 厨房有哪些节水小妙招？

(1) 使用水盆或水槽洗菜，不使用长流水。

(2) 清洗炊具、餐具时，先用纸巾擦去油污再冲洗。

(3) 用淘米水、煮面汤、过夜茶清洗碗筷，去油又节水。

(4) 用煮蛋器代替大锅水煮蛋。

92. 卫生间有哪些节水小妙招？

(1) 尽量选用节水型坐便器。

(2) 如果坐便器水箱容积过大，可换装两挡式水箱配件。

(3) 在水箱里放置装满水的大可乐瓶，减少冲水量。

93. 洗浴有哪些节水小妙招？

(1) 洗手、洗脸、刷牙时应间断性放水。

(2) 使用可调节出水量的节水龙头或花洒。

(3) 间断放水淋浴，少用或不用盆浴。

(4) 洗澡时不要“顺手”洗衣物，缩短洗浴时间。

(5) 收集淋浴用水洗衣、冲厕或拖地。

94. 一水多用的方法有哪些？

(1) 淘米水可以洗菜。

(2) 洗衣服、洗脸、洗澡的水可以用来拖地、冲厕等。

(3) 洗脸水可以用来洗脚。

(4) 养鱼的水可以用来浇花。

95. 国家实行最严格的水资源管理制度，划定了哪三条水资源管理“红线”？

明确水资源开发利用红线，严格实行用水总量控制；明确水功能区限制纳污红线，严格控制入河排污总量；明确用水效率控制红线，坚决遏制用水浪费。

第七章

农业节水科普知识

1. 什么是农业用水?

农业用水主要是指种植业灌溉、林业、牧业、渔业等方面的用水，其中种植业灌溉占农业用水量的90%以上。农业用水的水源主要包括降水、地表水、地下水、土壤水以及经过处理符合水质标准的回归水、微咸水和再生水等。

2. 什么是农业节水?

农业节水是指通过充分利用农业用水资源，采取水利和农艺等方面的各种措施，提高灌溉水的利用率和水分生产率。

3. 分配给农业的用水量为什么会逐年减少?

我国和世界上其他国家一样，随着国民经济的快速发展和城市化率的不断提高，用于工业和城市生活、环境的水必然越来越多，则用于农业生产的水量必然会逐年减少。在20世纪五六十年代我国农业用水占社会总用水量的85%以上，而进入70年代农业用水量降至80%左右，而现在的农业用水量已不足70%，预计今后其比重还会降低。

4. 水少了还能增加灌溉面积吗?

我国目前的农业用水利用率、生产效率都很低，如果大面积采用渠道防渗、管道输水、喷灌、微灌等先进的节水灌溉技术措施，将水的利用率提高到60%以上，其灌溉面积可达到现在的1.5～2倍。因此，通过推广节水灌溉技术，水量减少了仍可增加灌溉面积，且节省水资源可用于发展国民经济的其他部门，促进国家、社会、经济的全面发展。但通过普及节水灌溉技术节约下来的水能否增加灌溉面积，还应科学合理地统筹安排和考虑。

5. 井水位为什么会不断下降?

机井抽取的是埋藏于储水层的地下水，按照其埋藏条件可分为潜水和承压水。地下水的补给源是降雨和地表水体，潜水（浅层地下水）直接受地面的降雨入渗、河渠渗漏补给及各种回归补给，自然循环期为1～10年。而承压水

（深层地下水）则是接受远在上游的山区入渗补给，其循环期在千年甚至万年以上。不管是潜水还是承压水每年的补给量都是有限的。只要机井抽出的水量大于地下水的补给量，即超采地下水，井的水位就会不断下降，尤其是承压水一旦下降再恢复则是十分困难的。

6. 地下水位下降会带来什么样的后果？

地下水位下降后，由于破坏了原地层的受力平衡，在地面载荷（压力）作用下被疏干的含水层就会被压缩，因此会造成地面下沉，建筑物倾斜、开裂，桥梁、道路变形等严重的后果。另外，地下水位下降还可引起海水倒灌、咸水入侵等污染淡水资源的现象。

7. 作物是怎样吸收水分的？

作物为了获得生长需要的水分，大都通过根系从土壤中吸收。根系也不是所有部位都能吸水，主要是在根尖部分进行，其中以根毛区的吸水能力最强，根冠、分生区和伸长区较弱。由于根系吸水主要在根尖部位进行，所以农田灌水应考虑作物大部分根尖的深度。根系吸水主要靠两个动力，就是根压和蒸腾拉力。

根压把根部的水压到地上部位，土壤中的水便补充到根部，这就形成根系的吸水过程。蒸腾拉力是由于作物蒸腾失水而产生拉力所引起的根部被动吸水。蒸腾拉力是蒸腾旺盛时根系吸水的主要动力，大田作物绝大部分的水都是靠这种动力来吸收的。

8. 什么是灌溉水利用系数？

灌溉水利用系数（又称灌溉水利用率）是指灌入田间可被作物利用的水量与干渠渠首引进的总水量的比值。灌溉水利用系数主要取决于三个环节：水源到田间输水技术、灌溉方式与灌水技术、作物在田间对水分的有效利用。

9. 什么是适宜土壤水分？

适宜土壤水分是指适合作物生长发育的土壤水分状况，它是土壤中被作物吸收利用的水量，即田间持水量与凋萎系数之间的土壤含水量。田间持水量定义为农田土壤某一深度内保持吸湿水、膜状水和毛管悬着水的最大含水量；凋萎系数定义为植物开始发生永久凋萎时的土壤含水率。

10. 什么是非充分灌溉？

通常所说的灌溉制度是指在水源充足的情况下，按获得作物最高产量的要求给作物灌水。当水源不足时，应采用限额灌溉或非充分灌溉减少灌水次数和灌溉水量，以较少的水获得最大的经济效益。

11. 什么是渠道防渗？为什么要进行渠道防渗？

渠道防渗就是在渠床上加防渗层，或通过夯实降低渠床土壤渗水性能，达到减少渗漏损失的目的。

渠道衬砌防渗能减少渠道渗漏水量，节省灌溉用水量，更高效地利用水资源；提高渠床的抗冲刷能力，防止渠岸坍塌，增加渠床的稳定性；减少渠床糙率，增大渠道流速，提高渠道输水能力；减少渠道渗漏对地下水的补给，有利于控制地下水位上升，防止土壤盐碱化及沼泽化的产生；防止渠道长草，减少泥沙淤积，节约工程维修费用；降低灌溉成本，提高灌溉效益。

12. 如何减少渠道的渗漏？

减少渠道渗漏的措施主要有工程和管理两个方面。

(1) 工程方面。采用施工简便的防渗方法对渠段进行衬砌，如采用夯实、压实的方法以改变渠床土壤的渗透性能，采用黏土、三合土、砌石、混凝土衬砌、沥青混凝土衬砌、塑料薄膜防护的方法修筑防渗层等。

(2) 管理方面。主要有调整不合理的渠系布局，加强渠道及其建筑物的维修和养护，以保持渠道水流通畅；灌溉季节要科学合理调度，实行计划用水，鼓励采用先进的灌水方法与技术等。

13. 渠道防渗的种类有哪些？

渠道防渗按其所用材料的不同，一般分为土料防渗、砌石防渗、混凝土衬砌防渗、沥青材料防渗及膜料防渗等类型。

14. 如何选择渠道衬砌防渗类型？

选择防渗方式应考虑的因素：一是要明显减少渗漏，防渗效果好；二是能就地取材，造价低廉；三是能提高渠道输水能力和防冲能力；四是使用时间长，耐久性能好；五是施工简易，便于管理，维修费用少；六是保证渠道防渗的经济效益，主要是节省灌溉水量和扩大灌溉面积。其中最主要的是在保证一定防渗效果的前提下，因地制宜，就地取材。

15. 如何进行混凝土衬砌？

采用混凝土衬砌施工的方法有两种：一种是现场浇筑；另一种是U形渠槽浇筑。

(1) 现场浇筑。主要经过分块立模、配料拌和、浇筑振捣、收面养护和混凝土预制板铺砌。通常先浇边坡，后浇渠底；渠坡、渠底一般采用跳仓法浇筑，混凝土伸缩缝应按设计要求施工。

(2) U形渠槽浇筑。施工顺序是先立边挡板架，浇筑底部中间部分；再立内模架，安装弧面部分的模板，两边同时浇筑；最后立直立段模板，直至顶部。

16. 如何进行浆砌卵石衬砌？

浆砌卵石的方法有两种：一种是灌浆法；另一种是座浆法。灌浆法是先将卵石干砌好，再向缝中灌注砂浆，并用铁锹捣实，然后用原浆勾缝。座浆法是先铺3～5cm的浆，再垒砌卵石，然后灌缝，最后用原浆勾缝。两种方法都要求水泥砂浆饱满，石块之间不能有空隙。

17. 如何进行塑料薄膜防渗？

塑料薄膜防渗适用于小型渠道特别是流速较小的渠道、北方土壤冻胀变形较大地区以及砂石料缺乏的地区。塑料薄膜防渗工程施工过程大致可以分为基槽开挖、膜料加工及铺设、保护层施工等三个阶段。施工时，一要保证设计的过水断面；二要使保护层有一定的厚度。当渠道流速小时，可选用普通土壤作为保护层；流速大时，选用石料、混凝土等作为保护层。

18. 如何做好防渗渠道的管理养护？

(1) 砌石渠道的管理养护。当砌石防渗层出现沉陷、脱缝、掉块等情况时，应将病患部位拆除，冲洗干净，再选用质量、大小适合的石料、坐浆砌筑。

(2) 混凝土衬砌渠道的管理养护。对于混凝土衬砌防渗层产生的裂缝，可用过氯乙烯胶液涂料粘贴玻璃丝布进行修补或采用填筑伸缩缝的方法修补。

(3) 膜料衬砌渠道的管理养护，正常运行通水时，要控制水位上升和降落速度。保护层出现裂缝或滑塌时，可按相同材料防渗层的修补方法进行修理。

19. 什么是管道输水灌溉？

管道输水灌溉是以管道代替明渠输水灌溉的一种工程形式，利用低能耗机泵或由地形落差所提供的自然压力水头将灌溉水加压，然后通过输配水管网，将灌溉水由出水口输送到田间进行灌溉，以满足作物的需水要求。

20. 管道输水灌溉系统由哪几部分组成？

管道输水灌溉系统由水源及首部枢纽、输配水管网系统和田间灌水系统三部分组成。

(1) 水源有井、泉、沟、渠道、塘坝、河湖水和水库等。水质应符合《农田灌溉水质标准》(GB 5084—2005) 的要求。首部枢纽形式取决于水源类型，其作用是从水源取水并进行处理，以符合管网和灌溉在水量、水质和水压三方面的要求。

(2) 输配水管网系统是指低压管道输水灌溉工程中的各级管道、管件、分水设施、保护装置及其他附属设施和附属建筑物。

(3) 田间灌溉系统是指出水口以下的田间部分，它仍属于地面灌水。常用的方法：采用田间移动软管输水，退水管法灌水；采用田间输水垄沟输水，在田间进行畦灌、沟灌等地面灌水方法。

21. 管道输水灌溉工程的分类有哪几类？

(1) 按压力获取方式分类：机压输水系统和自压输水系统。当水源水位不能满足自压输水时采用机压输水系统，一种形式是水泵直接将水送入管道系统，然后通过分水口进入田间，称为水泵直送式；另一种形式是水泵通过管道将水输送到某一高位蓄水池，然后由蓄水池自压向田间供水。目前，平原井灌区大部分采用水泵直送式。

(2) 按管网形式分类：树状管网和环状管网。第一种管网呈树枝状，水流通过“树干”流向“树枝”，即从干管流向支管、分支管，只有分流而无汇流；第二种管网通过节点将各种管道连接成闭合环状网，水流方向可正可逆，国内主要采用树状网。

(3) 按管网可移动程度分类：固定式、半固定式和移动式。

22. 自压输水系统的原理和适用条件是什么？

自压输水系统的原理：在水源较高，灌区位置较低，可利用地形自然落差所提供的水头作为管道输水所需要的工作压力，在丘陵地区的自流灌区多采用这种形式。

23. 移动式低压管道输水灌溉系统的特点是什么？

移动式低压管道输水灌溉系统是指除水源外，机泵和输配水管道都是可移动的，工作压力一般为0.02～0.04MPa；特别适用于小水源、小机组和小管径的塑料软管配套使用；其优点是一次性投资低，适应性强，常作为抗旱临时应用；缺点是软管使用寿命短，易被杂草、秸秆划破，在作物生长后期，尤其对高秆作物灌溉比较困难。

24. 固定式低压管道输水灌溉系统的特点是什么？

机泵、输配水管道，给配水装置都是固定的，水从管道系统的出水口直接分水进入田间畦、沟。工作压力一般为0.04～0.1MPa，其优点是操作方便，省工效益好；缺点是管道密度大、投资高。

25. 半固定式低压管道输水灌溉系统的特点是什么？

机泵固定，干（支）管和给水栓等埋于地下，移动软管输水进入田间沟、畦，它把移动式和固定式两种形式的优点结合在一起，是比较常用的一种形式，移动软管的工作压力一般为0.005～0.11MPa，固定式管理难度大，成本高，经济条件一般的地区，宜采用半固定式系统。

26. 低压管道管材的选择原则是什么？

(1) 能承受设计要求的工作压力。管材允许工作压力应为管道最大工作压力的1.4倍，且大于管道可能产生水锤时的最大压力。

(2) 管壁薄厚均匀，壁厚误差应不大于5%。

(3) 地埋管材在农机具和外荷载的作用下管材的径向变形率不得大于5%。

(4) 便于运输和施工，能承受一定的沉降应力。

(5) 管材内壁光滑，糙率小，耐老化，使用寿命满足设计年限要求。

(6) 管材与管材连接方便，连接处可适应相应的工作压力，满足抗弯折、抗渗漏、强度、刚度及安全等方面的要求。

(7) 移动管道要轻便，易快速拆卸、耐碰撞、耐摩擦，具有较好的抗穿透及抗老化能力等。

(8) 当输送的水流有特殊要求时，还应考虑对管材的特殊要求。

27. 低压管道管材选择时应考虑的因素有哪些?

在满足设计要求的前提条件下，综合考虑管材价格、施工费用、工程的使用年限、工程维修费用等经济因素进行管材选择。

(1) 通常在经济条件较好的地区，固定管道可选择价格相对较高但施工、安装方便及运行可靠、管理简单的硬 PVC 管；移动管道可选择塑料软管。

(2) 在经济条件较差的地区，可选择价格低廉的管材，如固定管可选素混凝土管，水泥砂管等管材，移动管道可选择塑料软管。

(3) 在将来可能发展喷灌的地区，应选择承压能力较高的管材，以便今后发展喷灌时使用。

28. 什么是波涌灌?

波涌灌又称为涌流灌或间歇灌，是利用间歇阀向沟（畦）间歇地供水，在沟（畦）中产生波涌，从而加快水流的推进速度，缩短沟（畦）首尾受水时间差，使土壤得到均匀湿润。

29. 什么是长畦分段灌?

将一条长畦分成若干个没有横向畦埂的短畦，采用地面纵向输水沟或塑料薄壁软管输水，将灌溉水输入畦田，然后自下而上或自上而下依次逐段向畦内灌水，直至全部短畦灌完为止的灌水方法，称为长畦分段灌或长畦短灌。

30. 什么是喷灌?

喷灌是借助水泵和管道系统或利用自然水源的落差，把具有一定压力的水喷到空中，散成小水滴或形成弥雾降落到作物和地面上的灌溉方式。

31. 改进地面灌水技术包括哪些灌水技术?

改进地面灌水技术通常包括平整土地、大畦改小畦、长畦改短畦、间歇灌(或称波涌灌)、膜上灌和膜下灌等多种节水灌溉措施。

32. 什么是滴灌?

将具有一定压力的灌溉水，通过管道和滴头，把灌溉水滴入植物根部附近土壤的一种灌水方法，是一种局部灌溉方式。

33. 什么是渗灌?

利用修筑在地下的专门设施（地下管道系统）将灌溉水引入田间耕作层，借毛细管作用自下而上湿润土壤，又称为地下滴灌。

34. 什么是膜上灌溉?

在地膜栽培的基础上，不再另外增加投资，而利用地膜防渗并输送灌溉水流，同时又通过放苗孔、专门灌水孔或地膜幅间的窄缝等通道向土壤内渗水，以适时适量地供给植物所需要的水量，从而达到节水增产的目的。

35. 什么是水平畦灌？

水平畦灌是一种在田间做成水平畦，水以较大流量流入畦内，并均匀分布后由重力作用渗入作物根区的灌水方法，它适用于各种作物和土壤条件，特别适用于透水性能较弱或中等的土壤，是一种先进的节水灌溉技术。

36. 什么是小畦“三改”灌水技术？

小畦“三改”灌水技术，即“长畦改短畦、宽畦改窄畦、大畦改小畦”的灌水方法，其关键是使灌溉水在田间均匀分布，可以节约灌溉时间，减少灌溉水的流失，从而促进作物健壮生长，达到增产节水的目的。

37. 小畦灌的技术要点是什么？

小畦灌的技术要点是确定合理的畦长、畦宽和入畦单宽流量。

(1) 畦田宽度：自流灌区以 2～3m 为宜，机井提水灌区以 1～2m 为宜。

(2) 地面坡度在 1/400～1/1000 范围时，单宽流量为 3～5L/s，灌水定额为 300～675m^3/hm^2。

(3) 畦长：自流灌区以 30～50m 为宜，最长不超过 80m；机井和高扬程提水灌区以 30m 左右为宜。畦埂高度一般为 0.2～0.3，底宽为 0.4m 左右，田头埂和路边埂可适当加宽培厚。

38. 什么是闸孔管？

闸孔管是一种移动管道，在管道一侧每隔一定距离有一个装有小闸门的孔口。使用时放在畦首，孔口对着畦。每个畦可以由一个或几个孔口供水，以保证在靠近畦首的畦中横向水量分布比较均匀。孔口的开度可以根据要求的入畦流量来确定。孔口间距根据畦宽来确定。闸门孔管工作时要求有一定的压力，因此一般应与低压管道输水系统配合使用。

39. 喷灌的优缺点是什么？

优点如下：

(1) 省水。喷灌可以控制喷洒的水量和均匀性，避免产生地面径流和深层渗漏。水的利用率高，一般比地面灌溉节省水量 30%～50%。

(2) 省工。喷灌取消了田间输水沟渠，提高了灌溉机械化程度，大大减轻了灌水劳动强度，节省了劳动力。据统计，喷灌所需的劳动量仅为地面灌溉的 1/5。

(3) 节约用地。喷灌无需田间灌水沟渠和畦埂，可以腾出其占地用于种植作物，一般可增加耕种面积 7%～10%。

(4) 增产。喷灌用较小的灌水定额进行浅浇勤灌，使土壤湿度保持在作物生长最适宜的范围，从而促进根系在浅层发展，充分利用表层的肥力，还可以调节农田小气候以达到增产效果。

(5) 适应性强。喷灌对土地平整度要求不高，平地、坡地、岗地等不同地形条件均可采用喷灌，同时也不受土壤条件限制，甚至透水性较强的沙土采用地面灌溉存在很大困难时，也可采用喷灌。

缺点：投资高，能耗大，操作麻烦，受风的影响大。

40. 喷灌系统的组成包括哪些部分？

喷灌系统主要由水源工程、水泵及动力设备、输配水管网系统、喷头和附属工程、附属设备等部分组成。

(1) 水源工程。河流、湖泊、水库、渠道水等都可以作为喷灌系统的水源，但需要修建水源工程，如水量调蓄池和沉淀池等。水源应满足喷灌在水量和水质方面的要求。

(2) 水泵和动力设备。喷灌系统的工作压力一般由水泵提供，因此还需要有配套的动力设备。

(3) 输配水管网系统。一般分为干管、支管和竖管。干管起输配水的作用；支管是工作管道，支管上按一定间距安装竖管，竖管上安装喷头，压力水通过干管、支管、竖管，经喷头喷洒在田面上。

(4) 喷头。喷头是喷灌系统的专用设备，形式多种多样，其作用是将管道内的连续水流喷射到空中，形成细小水滴后洒落到土壤表面。

(5) 附属设备和附属工程。如从河流、湖泊、渠道取水，应设拦污设施；为了保护喷灌系统安全运行，应设进排气阀、调压阀、减压阀、安全阀、泄水阀等；为观察喷灌系统的运行状况，在管路上要设置真空表、压力表以及水表，还需设置必要的闸阀。

41. 喷灌系统有哪些类型？

喷灌系统的类型很多，按水流获得压力的方式不同，分为机压式、自压式和提水蓄能式喷灌系统；按系统的喷洒特征不同，可分为定喷式和行喷式喷灌系统；按喷灌设备的形式不同，分为机组式和管道式喷灌系统。

42. 喷头的种类有哪些？

喷头的种类有很多，按工作压力分为低压喷头、中压喷头和高压喷头；按结构形式分类，主要有固定式、孔管式和旋转式三类；固定式又可以分为折射式、缝隙式、离心式三种形式，孔管式又分为单孔口、单列孔、多列孔三种形式，旋转式又分为摇臂式、叶轮式、反作用式三种形式。

43. 喷头的基本性能参数有哪些？

喷头的基本性能参数包括喷头的几何参数、工作参数和水力性能参数。其中，几何参数包括进水口直径、喷嘴直径和喷射仰角。喷头的工作参数包括工作压力、喷头流量和射程。

44. 喷灌的技术参数有哪些？

喷灌的技术参数主要是指喷灌强度、喷灌均匀度和雾化指标。

（1）喷灌强度是指单位时间内喷洒在单位面积上的水量，以水深表示，包括点喷灌强度、平均喷灌强度和组合喷灌强度；

（2）喷灌均匀度是指喷灌面积上水量分布的均匀程度，是衡量喷灌质量的重要指标，用均匀度系数和雨量图来表示。均匀度系数在国际上多采用美国克里斯琴森均匀系数；

（3）雾化指标是反映水滴打击强度的一个指标，反映了喷射水流的碎裂程度，一般用喷头工作压力与喷嘴直径的比值来表示。

45. 如何选用喷灌的管材？

目前，喷灌工程中可以选用的管材主要有塑料管、钢管、铸铁管、混凝土管、薄壁铝合金管、涂塑软管等。一般来讲，地埋管道尽量选用塑料管，地面移动管道可选用薄壁铝合金管以及涂塑软管。

（1）塑料管：优点是重量轻，便于搬运，施工容易，能适应一定的不均匀沉陷，内壁光滑，不生锈，耐腐蚀，水头损失小。其缺点是存在老化脆裂问题，受温度影响变形大。地埋管道多选用塑料管。

（2）钢管：优点是能够承受较高的工作压力，与铸铁管相比，管壁较薄，韧性强，不易断裂，节省材料，连接简单，铺设简便。其缺点是造价较高，易腐蚀，使用寿命较短。因此，钢管一般用于系统的首部连接、管路转弯、穿越道路等处。

（3）铸铁管：优点是承压能力强；工作性能可靠；寿命长，可使用30～50年；加工安装方便等。其缺点是重量较大，搬运不方便；造价高；内部容易产生铁瘤阻水。

（4）钢筋混凝土管。其优点是不易腐蚀，经久耐用；长时间输水，内壁不结污垢，保持输水能力强；安装简便，性能良好。其缺点是质脆、重量较大，搬运困难。

（5）薄壁铝合金管材。优点是重量轻；能承受较大的工作压力；韧性强，不易断裂；不锈蚀，耐酸性腐蚀；内壁光滑，水力性能好；寿命长，一般可使用15～20年。其缺点是价格较高；抗冲击能力差；耐磨性不及钢管；不耐强碱性腐蚀等。

（6）涂塑软管的优点是重量轻；便于移动；价格低。其缺点是易老化；不耐磨；怕扎、怕压折；一般只能使用2～3年。

46. 喷灌工程的管道附件主要有哪些？

喷灌工程中的管道附件主要为控制件和连接件。控制件的作用是根据喷灌系统的要求来控制管道系统中水流的流量和压力，如阀门、逆止阀、安全阀、空气阀、减压阀、流量调节器等。连接件的作用是根据需要将管道连接成一定形状的管网，也称为管件，如弯头、三通、四通、异径管、堵头等。

47. 喷灌系统规划设计的要求有哪些？

（1）应符合当地水资源开发利用规划、符合农业、林业、牧业、园林绿地规划的要求，并与灌排设施、道路、林带、供电等系统建设相结合，与土地整理复垦规划、农业结构调整规划相结合。

（2）应根据灌区地形、土壤、气象、水文与水文地质、作物种植以及社会经济条件，通过技术经济分析及环境评价确定。

（3）在经济作物、园林绿地及蔬菜、果树、花卉等高附加值的作物地区、灌溉水源缺乏的地区，高扬程提水灌区、受土壤或地形限制难以实施地面灌溉的地区，有自压喷灌条件的地区，集中连片作物种植区及技术水平较高的地区，可以优先发展喷灌工程。

48. 简述喷灌系统规划设计内容有哪些？

喷灌系统规划设计前应首先确定灌溉设计标准。按照《喷灌工程技术规范》(GB/T 50085—2007) 的规定，喷灌工程的灌溉设计保证率不应低于85%。以管道式喷灌系统为例，通过基本资料的搜集、水源分析计算、系统选型、喷头的布置、管道系统的布置、喷灌制度设计、管道水力计算、水泵及动力选择、结构设计和技术经济分析完成。

49. 如何进行喷灌系统的选型？

系统选型应因地制宜，综合以下因素选择：水源类型及位置；地形地貌，地块形状、土壤质地；作物生长期降水量，灌溉期间风速、风向；灌溉对象；社会经济条件、生产管理体制、劳动力状况；动力条件等。具体如下：

（1）地形起伏较大，灌水频繁，劳动力缺乏，灌溉对象为蔬菜、茶园、果树等经济作物及园林、花卉和绿地的地区，选用固定式喷灌系统。

（2）地面较为平坦的地区，灌溉对象为大田粮食作物；气候严寒、冻土层较深的地区，选用半固定式喷灌系统和移动式喷灌系统。

（3）土地开阔连片、地势平坦、田间障碍物少，使用管理者技术水平较高，灌溉对象为大田作物、牧草等，集约化经营程度相对较高时，选用大中型机组式喷灌系统。

（4）丘陵地区零星、分散耕地的灌溉，水源较为分散、无电源或供电保证率较低的地区，选用轻小型机组式喷灌系统。

50. 选择喷头和确定组合间距要满足哪些要求？

（1）组合后的喷灌强度不超过土壤的允许喷灌强度值。

（2）组合后的喷灌均匀系数不低于《喷灌工程技术规范》(GB/T 50085—2007) 规定的数值。

（3）雾化指标应符合作物要求的数值。

（4）有利于减少喷灌工程的年费用。

51. 喷灌管道系统的布置原则有哪些？

（1）管道总长度最短，水头损失最小，管径小，且有利于水锤防护，各级相邻管道应尽量垂直。

（2）干管一般沿主坡方向布置，支管与之垂直并尽量沿等高线布置，保证各喷头工作压力基本一致。

（3）平坦地区，支管尽量与作物的种植方向一致。

（4）支管必须沿主坡方向布置时，需按地面坡度控制支管长度，上坡支管据首尾地形高差加水头损失小于0.2倍的喷头设计工作压力，首尾喷头工作流量差不高于10%确定管长，下坡支管可缩小管径抵消增加的压力水头或者设置调压设备。

（5）多风向地区，支管垂直主风向布置（出现频率75%以上）便于加密喷头，保证喷洒均匀度。

（6）充分考虑地块形状，使支管长度一致。

（7）支管通常与温室或大棚的长度方向一致，对棚间地块应考虑地块的尺寸。

（8）水泵尽量布置在喷洒范围的中心，管道系统布置应与排水系统、道路、林带、供电系统等紧密结合，降低工程投资和运行费用。

52. 哪些地方发展喷灌效果最好？

根据喷灌发展经验，下列地区实施喷灌可获得较好的效益，可优先发展喷灌工程。

（1）种植经济作物、蔬菜、果树、花卉等高附加值的作物地区。

（2）在灌溉水源缺乏的地区；高扬程灌区；因土壤或地形限制难以实施的地区；有自压喷灌条件的地区。

（3）不属于多风地区或灌溉季节风小的地区；种植需要调节田间小气候的作物，包括防干热风或防霜冻的地区。

（4）经济实力强，农民技术水平较高，劳动力紧张，实现了适度规模经营、统一种植、统一管理的地区。

53. 喷灌工作制度的拟定包括哪些内容？

喷灌工作制度包括一个工作位置的灌水时间、一个喷点上的喷洒时间、喷头每日可工作的喷点数（即喷头每日可移动的次数）、每次需要同时工作的喷头数、每次同时工作的支管数和确定轮灌编组和轮灌顺序。

54. 什么是微灌？

微灌是按作物生长发育所需水分和养分，利用专门设备或自然水头加压，再通过低压管道系统末级毛管上的孔口或灌水器，将有压水流变成细小的水流或水滴，直接送到作物根区附近，均匀、适量地施于作物根层所在部分土壤的灌水方法。

55. 微灌的特点是什么？

(1) 微灌的优点：

1) 省水。比地面灌溉节省水量30%～50%，而微灌每亩次用水量相当于地面灌溉用水量的1/6～1/8，喷灌用水量的1/3。

2) 省地、省肥和省工。干、支管全部埋在地下，可节省渠道占用的土地；随水施肥，减少肥料流失；减少修渠、平地、开沟筑畦的用工量，比地面灌溉省工约50%以上。

3) 节能。微灌与喷灌相比，压力低，灌水量少，抽水量减少和抽水扬程降低，从而减少了能量损耗。

4) 灌水效果好。能适时地给作物供水供肥，不会造成土壤板结和水土流失，且能充分利用细小水源，为作物根系发育创造良好的条件。

5) 对土壤和地形的适应性强，微灌系统可以有效地控制灌水速度，使其不产生地面径流和深沉渗漏；微灌靠压力管道输水，对地面平整程度要求不高。

(2) 微灌的缺点：灌水器容易堵塞；限制根系发展；引起盐分积累。

56. 微灌系统由哪些组成？

微灌系统通常由水源工程、首部枢纽、管道系统和灌水器四部分组成。

(1) 水源工程。河流、湖泊、塘堰、井泉等水源，只要水质符合微灌要求，均可作为微灌水源。为了充分利用各种水源，往往需要修建引水、蓄水和提水工程，以及相应的输配电工程。

(2) 首部枢纽。担负整个系统的驱动、检测和控制任务，是全系统的控制调度中心，包括水泵及动力机、控制阀门、水质净化装置、施肥装置、测量设备、保护设备。

(3) 管道系统。一般分为干、支、毛三级管道。通常干、支管埋入地下。

(4) 灌水器安装在毛灌上或通过连接小管与毛管连接，有滴头、微喷头、涌水器和滴灌带等多种形式。

57. 灌水器的作用是什么？

灌水器的作用是把末级管道中的压力水流均匀而又稳定地分配到田间，以满足作物对水分的要求，其质量会直接影响灌水质量和系统的可靠性。因此，对灌水器的制造或选择要求较高。

58. 微灌工程对灌水器的基本要求有哪些？

(1) 出水流量小。灌水器出水流量的大小取决于工作水头高低、过水流道断面大小和出流受阻的情况。微灌工程用的工作水头一般为5～15m。

(2) 出水均匀、稳定。一般情况下灌水器的出流量随工作水头变化而变化。

(3) 抗堵塞性能好。灌溉水中总会含有一定的污物和杂质，由于灌水器流道和孔口较小，在设计和制造灌水器时要尽量采取措施，提高抗堵塞性能。

（4）制造精度高。为保证微灌灌水质量，要求灌水器的制造偏差系数值一般不宜大于0.07。

（5）结构简单，便于制作安装。

（6）坚固耐用，价格低廉。

59. *灌水器的类型有哪些？*

灌水器的种类有很多，按结构和出流形式可分为滴头、滴灌带、渗头、微喷头和涌水器等类型。

（1）滴头包括流道型滴头、孔口型滴头、涡流型滴头和压力补偿型滴头。

（2）滴灌带包括内镶式滴灌管和薄壁滴灌带。

（3）微喷头包括射流旋转式微喷头、折射式微喷头、离心式微喷头和缝隙式微喷头。

（4）渗头作用是使水直接渗入作物根区，有多孔瓦罐、海绵渗头等。

（5）涌水器是压力水流经效能后以连续水流的形式缓慢涌出，灌入根区灌水沟（坑）内。

60. *微灌用水为什么要进行过滤？*

由于微灌灌水器的出水孔径都很小，如滴头的水流通道尺寸很小，一般不超过2mm，加上微灌系统的工作压力低，出流缓慢，若灌溉水不经过严格过滤处理，杂质很容易堵塞滴头或微喷头，少部分灌水器堵塞对作物产量影响不大，如果大量灌水器堵塞，就会使整个灌溉系统报废。所以，当水中泥沙含量较高时，必须经过过滤后才能进入微灌系统。

61. *微灌的过滤设备有哪些？*

旋流式水沙分离器，砂石过滤器（介质过滤器），筛网过滤器，叠片式过滤器。

62. *微灌系统的施肥装置有哪些？*

利用微灌系统施可溶性肥料或农药溶液时，可通过安装在首部的施肥（施农药）装置进行。施肥装置有压差式施肥罐、开敞式肥料罐、文丘里注入器、注入泵等。

压差式施肥罐的优点是加工制造简单，造价低，不需要外加动力设备；缺点是溶液浓液变化大，难以控制，添加化肥次数频繁，操作麻烦。开敞式肥料罐用于自压微灌系统中，使用方便。文丘里施肥器的特点是结构简单，使用方便，缺点是稳定性差，影响施肥的均匀性。

63. *微灌系统施肥或施农药时应注意哪些事项？*

（1）化肥或农药的注入一定要放在水源与过滤器之间，使肥液先经过过滤器之后再进入灌溉管道，以免堵塞管道及灌水器。

（2）施肥和施农药后，必须利用清水把残留在系统内的肥液或农药全部冲洗干净，防止设备被腐蚀。

（3）在化肥或农药输液管与水源管道连接处一定要安装逆止阀，防止肥液或农药流进水源。

64. 什么是设计土壤湿润比？

设计土壤湿润比是指被湿润土体积占计划湿润层总土体积的百分比。通常以地面以下20～30cm处湿润面积占总灌溉面积的百分比来表示。其取决于作物、灌水器流量、灌水量、灌水器间距和所灌溉土壤的特性等。

65. 微灌系统工作制度有哪些？

微灌系统工作制度有续灌和轮灌两种。在确定工作制度时，应根据作物种类、水源条件和经济状况等因素做出合理选择。

（1）续灌是对系统内全部管道同时供水，灌区内全部作物同时灌水的一种工作制度，一般只用在小系统，如几十亩的果园才采用续灌的工作制度。

（2）轮灌是支管分成若干组，由干管轮流向各组支管供水，而各组支管内部同时向毛管供水，这种工作制度减少了系统的流量，可减少投资，提高设备的利用率，通常采用的是这种工作制度。

66. 什么是农艺节水技术？

农艺节水技术是指采用作物生理调控和农田土壤调控措施，使农田水分得到充分利用的技术。

67. 农艺节水的措施有哪些？

按照农艺节水的机制，可以分为保墒节水技术和抑制无效蒸腾类节水技术两类，或者两类措施的结合。

（1）保墒节水类技术主要包括耕作蓄水保墒、覆盖蓄水保墒、化学制剂调控技术等。

（2）抑制无效蒸腾类技术主要包括应用抗旱新品种、土肥措施、化学调控等。

68. 地膜覆盖栽培要注意哪些事项？

（1）先播种后盖膜的要及时揭膜，避免高温烫苗。

（2）作物根系多分布于表层，对水肥较敏感，要加强水肥管理，防止早衰。

（3）作物生育阶段提早，田间管理措施也要相应提前。

（4）揭膜时间应根据作物的要求和南北方气候条件而定。

（5）作物收获后，应将残膜回收整理干净，以免污染农田。

69. 什么是雨水集蓄利用技术？

雨水集蓄利用技术是指通过多种方式，调控降雨径流在地表的再分配与赋存过程，将雨水资源存储在指定的空间，进而采取一定的方式与方法，提高雨水资源利用率与利用效率的一种综合技术。它包括两个方面的含义：其一是雨水集蓄技术，其二是集蓄雨水的高效利用技术。

70. 雨水集蓄利用系统的组成有哪些？

雨水集蓄利用系统是采取工程措施对雨水进行收集、储存和高效利用的微型水利工程。雨水集蓄利用系统一般由集雨系统、输水系统、蓄水系统、灌溉系统组成。

71. 影响集流效率的主要因素有哪些？

影响集流效率的因素主要有四个：降雨特性、集流面材料、集流面坡度和集流面前期含水量。

（1）降雨特性对集流效率的影响。随着每次降雨量和降雨强度的增加，集流效率也会增大。因此雨量和降雨强度较小时，其集流效率也较低，若降水量小于某一值时，可能不产流，而且集流面的吸水性、透水性越强，降雨特性对集流效率的影响越明显。

（2）集流面材料对集流效率的影响。试验结果表明，混凝土、完整裸露塑料膜和水泥瓦的集流效率较高，可达70%～90%，而土料集流效率一般在30%以下。

（3）集流面坡度对集流效率的影响。一般来说，集流面坡度较大，可减少降雨集流过程中的水层厚度，增加径流速度，缩短汇流时间，从而提高集流效率。

（4）集流面前期含水量对集流效率的影响。集流面在降雨前含水量越高、吸水性越弱，降雨集流效率就越高。

72. 影响集雨场产流的主要因素有哪些？

（1）下垫面因素对集雨场产流的影响，降雨落至地面后，在形成径流的过程中受到地面上流域自然地理特征和河系特征的影响，这些影响因素统称为下垫面因素。

（2）降雨蒸发对集雨场产流的影响。当降雨强度小于下渗强度时，雨水全部渗入土中，参与土壤水储存和运动；当降雨强度大于下渗强度时，超过下渗率的降雨就形成了地面径流。

（3）土壤前期湿润情况对集雨场产流的影响。下渗量的时空变化一般表现为：相同土壤情况下，土壤干燥时，下渗能力强；土壤湿润时，下渗能力小。

73. 影响产流计算的因素有哪些？

影响产流计算的因素主要有三个：全年集水效率、集水面面积和保证率。集水效率是集水区设计的重要参数，它与集流面材料性质、降雨特性、集流面的坡度和集水面前期含水量有关，施工质量对集流效率的影响也比较明显。

74. 常见的储水设施的类型有哪些？

我国雨水集蓄系统通常采用的蓄水工程有水窖、水窑、地表式水池、塘坝、水罐以及河网系统等。

75. 水窖的分类有哪些？

水窖是一种建在地下的埋藏式蓄水工程，按照水窖的架构和材料不同，可以分为以下几种形式：

（1）水泥砂浆薄壁水窖。该窖体结构包括水窖、旱窖和窖口窖盖三部分。此窖型适宜土质比较密实的红、黄土地区，土质疏松的砂壤土地区和土壤含水量过大的地区不宜采用。

（2）混凝土盖碗窖。混凝土盖碗窖形状类似盖碗茶具，故名盖碗窖。窖体包括水窖与窖盖窖台两部分。此窖型适宜于土质比较松软的黄土和砂石壤土地区。

（3）混凝土肋拱盖碗窖。在混凝土盖碗窖的基础上，将钢筋混凝土帽盖改进为素混凝土肋拱帽盖，省掉了 30kg 钢筋和 20kg 铅丝，其他部分结构尺寸与混凝土盖碗窖完全一样。素混凝土肋拱盖碗窖的适应性更强，便于普遍推广。

（4）混凝土拱底顶盖圆柱形水窖。主要由混凝土现浇弧形顶盖、水泥砂浆抹面窖壁、三七灰土翻夯窖基、混凝土现浇弧形窖底、混凝土预制圆柱形窖颈和进水管等部分组成。

（5）混凝土型窖。由现浇混凝土上半球壳、水泥砂浆抹面下半球壳、两半球结合部圈梁、窖颈和进水管等部分组成。

（6）土窖。传统式土窖因各地土质不同，窖型样式较多，有瓶式窖和坛式窖两类。其区别在于：瓶式窖脖子小而长，窖深而蓄水量较小；坛式窖脖子相对短而肚子大，蓄水量较大。

76. 农业节水灌溉控制系统的发展趋势主要体现在哪些方面？

目前，农业节水灌溉控制系统发展趋势主要体现在以下三个方面：

（1）基于无线传感器技术的节水灌溉自动化系统。

（2）基于物联网的节水灌溉自动化系统。

（3）基于 5G 技术的节水灌溉自动化系统。

参 考 文 献

[1] 国家统计局. 2020年中国统计年鉴 [M]. 北京：中国统计出版社，2020.

[2] 张会齐，王凯，孙鹏，等. 水文化中学生读本（高中版）[M]. 北京：中国水利水电出版社，2015.

[3] 张会齐，黄波，朱红，等. 水文化中学生读本（初中版）[M]. 北京：中国水利水电出版社，2015.

[4] 智研咨询. 2020—2025年中国水资源利用行业市场运营态势及发展前景预测报告 [R]. 北京：华经产业研究院，2020.

[5] 陈倩云，余弘婧，高学睿，等. 当前我国城市内涝问题归因分析与应对策略 [J]. 华北水利水电大学学报（自然科学版），2019 (1)：55-62.

[6] 李航，陈鹏. 城市暴雨内涝灾害期间居民步行安全阈值研究 [J]. 水利水电快报，2021，42 (7)：6-10.

[7] 王祚，卢璇，杨子琪，等. 城市排水系统内涝风险评估方法 [J]. 科技创新与应用，2018 (2)：35-36.

[8] 许文海. 大力推进新时期节约用水工作 [J]. 水利发展研究，2021 (3)：16-20.

[9] 胡梦婷，白雪，蔡榕. 我国节水标准化现状、问题和建议 [J]. 标准科学，2020 (1)：6-9.

[10] 白雪，李爱仙，金明红，等. 我国节水型企业评价指标体系初探 [C]. 国际水资源保护标准研讨会论文集. 2009：83-86.

[11] 白岩，白雪，蔡榕. 合同节水管理标准化及案例分析 [J]. 标准科学，2020 (1)：14-17.

[12] 尹庆民，刘德艳，焦晓东. 合同节水管理模式发展与国外经验借鉴 [J]. 节水灌溉，2016 (10)：101-104.

[13] 尹庆民，刘德艳. 合同节水管理利益分配研究 [J]. 节水灌溉，2016 (7)：73-76.

[14] 郭路祥. 我国合同节水管理现状与前景分析 [J]. 中国水利，2016 (15)：18-21.

[15] 钟恒，徐睿，崔旭光，等. 合同节水管理模式在高校的应用研究——以河北工程大学为例 [J]. 水利经济，2017 (5)：49-52.

[16] 韩东刚，陈科仲. 合同节水管理模式在水环境领域探索实践研究 [J]. 海河水利，2017 (z1)：46-50.

[17] 杨天忠. 水平衡测试在建设节水型高校中的研究应用 [J]. 建设科技，2020 (12)：83-87.

[18] 田莉，赵先锋，李磊磊，等. 主管压差式水肥一体化灌溉系统的设计与试验 [J]. 农机化研究，2020 (2)：101-105.

[19] 吴松，李国辉. 水肥一体化灌溉系统中的施肥设备 [J]. 农业技术与装备，2018

(10)：78-83.
[20] 祁鲁梁，高红．浅谈发展工业节水技术提高用水效率 [J]．中国水利，2005 (13)：125-127.
[21] 刘毅．工业节水技术的创新与应用 [J]．技术与市场，2016 (10)：156.
[22] 李智慧．水平衡测试技术 [M]．太原：山西科学技术出版社，1998.
[23] 常明旺．关于引深水平衡测试的讨论 [J]．山西能源与节能，1996 (Z1)：37-41.
[24] 庞广珠，张跃恒，关庆国．水平衡测试技术适用性分析 [J]．黑龙江水专学报，2005 (3)：56-57.
[25] 水利部农村水利司，中国灌溉排水发展中心．节水灌溉工程实用手册 [M]．北京：中国水利水电出版社，2005.
[26] 何晓科．节水技术概论 [M]．郑州：黄河水利出版社，2008.
[27] 水利部农村水利司，中国灌溉排水发展中心．节水灌溉科普知识 100 问 [M]．北京：中国水利水电出版社，2001.
[28] 李希，田宝忠．建设节水型社会的实践与思考 [M]．北京：中国水利水电出版社，2003.
[29] 张兴旺．节水灌溉技术 [M]．甘肃：甘肃文艺出版社，2015.
[30] 崔玉川．城市与工业节约用水手册 [M]．北京：化学工业出版社，2002.
[31] 吴普特，牛文全．节水灌溉与自动化控制技术 [M]．北京：化学工业出版社，2002.
[32] 李雪转．农村节水灌溉技术 [M]．北京：中国水利水电出版社，2017.
[33] 李雪转．现代节水灌溉技术 [M]．郑州：黄河水利出版社，2018.